U0366384

The
Complete
Book of
Jewellery
Beading
Techniques

宋聪颖 著

串珠饰品
技法全书

化学工业出版社

·北京·

内容简介

本书讲解了串珠首饰制作的工艺技法和工艺流程。全书分为三个部分：第一部分为基础知识，讲解串珠工艺的发展简史、材料和工具、基础技法；第二部分讲解了六大基础针法（仙人掌针、鲱鱼骨针、方针、砖针、直角编织、五珠球针）的制作步骤和案例应用；第三部分通过实例讲解了基础针法的组合应用。全书以首饰为案例，囊括耳坠、项链、手镯、胸针等，所有案例都配有详细的实景步骤图和线稿图纸，制作难点配有视频。本书适合作为串珠爱好者的自学书籍，也适合作为高校珠宝设计等专业的教材。

图书在版编目（CIP）数据

串珠饰品技法全书 / 宋聪颖著. -- 北京 ：化学工业出版社，2025. 4. -- ISBN 978-7-122-47475-9

Ⅰ. TS973.5

中国国家版本馆CIP数据核字第2025C6E457号

责任编辑：林　俐
责任校对：宋　夏
装帧设计：孙　沁

出版发行：化学工业出版社
　　　　　（北京市东城区青年湖南街 13 号　邮政编码 100011）
印　　装：北京宝隆世纪印刷有限公司
787mm×1092mm　1/16　印张 9　字数 215 千字
2025 年 5 月北京第 1 版第 1 次印刷

购书咨询：010-64518888　　　售后服务：010-64518899
网　　址：http://www.cip.com.cn
凡购买本书，如有缺损质量问题，本社销售中心负责调换。

定　　价：78.00元

写在最前面

我一向认为每个人来到这世界上都是带着使命的。

小时候总喜欢把包巧克力的锡纸揉成小球串成项链，把外婆缝纫包里的纽扣穿上铁丝扭成戒指，还有那些鸡毛掸子上掉落的羽毛，因为觉得很美丽把它们扎到一起做成项链坠……

慢慢长大后，这些"不务正业"的发自于天性的童年爱好渐渐被繁忙的生活所掩埋。直到多年后的某一天，偶然的机会我接触并喜欢上了串珠。

这是一种非常神奇的手工艺，无需复杂的工具，只需要针与线，就能把成千上万的小米珠组合成各种想要的色彩与图案；寥寥几种常用针法，只要运用得当，就可以随心所欲地编织出各种结构与形状。突然之间通往童年梦想世界的大门打开了，小小的珠子让我的创造力有了挥发的出口的同时，也给我一成不变的生活带来了无限的可能性。

每当坐在桌前数着珠子，小时候和外婆一起做手工捣鼓各种小玩意儿的美好时光又回到了眼前。我打开尘封已久的抽屉，找出了外婆送给我的，她出嫁时罩在脸前的吹玻璃珠串。那是我最早收集的珠子，里层的镀银层已经氧化发黑，然而接触到它们的一瞬间我找到了寻觅多年的人生方向。

十多年来，痛并快乐着的串珠生涯从最开始的业余爱好慢慢地变成了主业，在小红书等社交平台也拥有了一批粉丝，不断被人讨要教程和作品。正好化学工业出版社的编辑提议我写一本串珠的书，于是一拍即合，把自己多年来积累的经验和技法整理出来分享给大家，希望和我一样喜欢串珠的朋友们能从这本书中学习到有用的知识。

宋聪颖

2025 年 1 月 1 日

目录

第1章　串珠艺术的基础知识

第1节　什么是串珠　003

第2节　串珠工艺的材料和工具　004

　　1.珠子　004

　　2.线材　009

　　3.金属配件　012

　　4.工具　014

　　5.新手如何购买珠子　015

第3节　串珠工艺的基础技法　020

　　1.起针方法　020

　　2.收尾方法　021

　　3.加线方法　021

　　4.防止线滑脱出针孔的方法　022

第2章　串珠的基础针法

第1节　仙人掌针　024

　　1.针法简介　024

　　2.针法步骤分解　024

　　3.应用案例1：雏菊　027

　　4.应用案例2：花苞手链　038

第2节　鲱鱼骨针　044

　　1.针法简介　044

　　2.针法步骤分解　044

　　3.应用案例1：流苏耳坠　046

　　4.应用案例2：古埃及风格耳饰　051

第3节　方针　060

　　1.针法简介　060

　　2.针法步骤分解　060

　　3.应用案例1：方形戒指　060

　　4.应用案例2：三叶草胸针　064

第4节　砖针　068

　　1.针法简介　068

　　2.针法步骤分解　068

　　3.应用案例1：松果菊　070

　　4.应用案例2：大地色指环　074

第5节　直角编织　079

　　1.针法简介　079

　　2.针法步骤分解　079

　　3.应用案例1：虞美人　081

　　4.应用案例2："小心思"爱心吊坠　088

第6节　五珠球针　093

　　1.针法简介　093

　　2.针法步骤分解　093

　　3.应用案例1：多巴胺小耳钉　094

　　4.应用案例2：蓝色浆果项链、耳环套装
　　098

第3章　串珠针法的组合应用

第1节　水仙花　104

　　拓展应用：玫瑰手镯　117

第2节　百变骷髅头　120

　　拓展应用：樱花球耳钉　127

第3节　千里江山图项圈　129

附录　作品欣赏

第1章
串珠艺术的
基础知识

第 1 节　什么是串珠　003

第 2 节　串珠工艺的材料和工具　004

第 3 节　串珠工艺的基础技法　020

第1节　什么是串珠

从人类历史上第一颗珠子诞生以来（目前的考古发现追溯到了十万年前），各种材质的珠子就作为装饰物、护身符、具有保值功能的物件乃至身份的象征。随着人类的发展，珠子也在不断进化演变，反映了不同历史时期不同文化的审美，折射出社会生产生活的方方面面。所以单单珠子本身就是值得细细品味甚至具有收藏价值的。

珠子的使用方式中最常见的一种就是"串"。这里"串"是指用线（不限材质和制造工艺的线，可以是天然纤维、人造纤维、金属等）通过珠子的孔将珠子以各种方式组织起来。可以是直接串成一串，如常见的文玩手串；也可以是串的同时缝合在其他附着物上，如珠绣。

串珠是人类智慧与创造力的结晶，在历史上留下了不少美丽的作品。历史早期的一些串珠作品，如古巴比伦普阿比女王的首饰和古埃及宽领项圈，其工艺就已超越了单维度的"串"。

后来，欧洲出现的更小的、能够大规模生产的玻璃米珠随着奴隶贸易和地理大发现流传到非洲和美洲，发展出了更为复杂的非洲部落串珠和美洲原住民串珠。这些串珠里的针法后来被广泛用到现代串珠工艺里。

我国的东阳卢宅宫灯是用米珠制作的具有一定复杂性的串珠艺术的代表作品。

用"串珠"来描述本书讲述的关于珠子的工艺其实并不十分贴切，因为"串"这个字并没有很准确地描述这门工艺，与其说是"串"，更贴切的应该称为"编织"。但因为早已成为圈内约定俗成的称呼，所以我们还是沿用"串珠"的叫法。

复杂的立体的米珠编织的出现取决于两个条件：一是有足够小、足够均匀、足够薄（即珠孔足够大）的珠子（即玻璃米珠）；二是有足够细、足够强韧的纤维（如尼龙等人造纤维）。这两个条件的实现，距今不过百年，所以本书中讲的"串珠"，实际就是当代的多维度的米珠编织法，它真正开始广泛传播和快速发展的时间严格算起来不过几十年。

串珠（以下本书中的"串珠"都是特指当代米珠编织法）工艺轻便灵活、色彩丰富、造型多变，在当今被许多人所喜爱，在不少国家，在很短的时间就形成了产业。近些年来，国内的串珠产业也在飞速发展中。

下面就让我们来进一步了解这种古老又年轻，具有无限可能性的神奇的手工艺吧！

第 2 节　串珠工艺的材料和工具

"串珠"指的是用线编织珠子的手工艺，所用的主要材料是玻璃米珠和人造纤维（线材）。

1. 珠子

串珠用的珠子大致可以分为三大类：①米珠，作品的基本构建材料；②配珠，除米珠外不同形态的其他珠子；③镶嵌物，无孔的平底或尖底的水钻、宝石等镶嵌在作品中的其他各种材料。

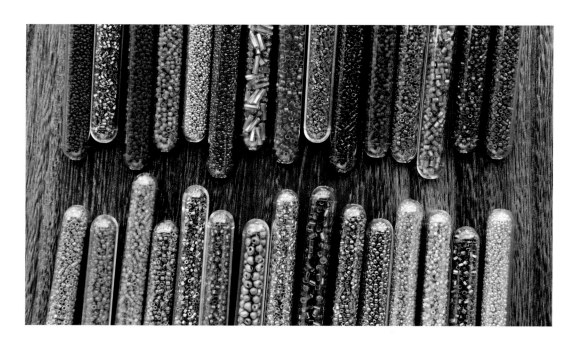

（1）米珠

米珠是构成串珠作品的主体，米珠用线材编织到一起，就如同建房子时用水泥将砖块垒筑起来一样。

① 米珠的种类

本书中用到的米珠有三种，是串珠中最常用的，分别是圆珠、古董珠、角珠。这三种珠子都是用拉伸细长的玻璃管截成小段做成的。

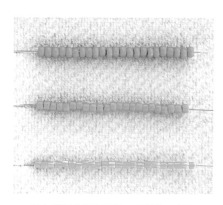

◎ 圆珠

圆珠截面外缘略带弧形。

◎ 古董珠

古董珠截面是平的，而且相对孔大壁薄，均匀度最高。

◎ 角珠

角珠偏长，截面为六边形，均匀度比圆珠和角珠都低。

从上到下分别为圆珠、古董珠、角珠

② 米珠的尺寸

一般来说，圆形或近圆形的珠子都以直径数值作为其尺寸型号【单位为毫米（mm），国内习惯称为"卡"，如2mm珠子，即为"卡2"珠】。而米珠的尺寸除了这种型号标注方式外，如2mm（卡2）米珠、1.5mm（卡1.5）米珠等之外，还有一套独特的标注方法，英文称为"aught size"，在数字后面加符号/0或者° 表示，如11/0或者11° 米珠，可以读作"11欧"或"11号"米珠。这种标注方式目前没有完全统一的标准，所以同样aught size的米珠，不同的生产商往往会有不同的尺寸，但一般来说相差不大。下面列举几个常见品牌的米珠圆珠常用型号对应的直径（数据来自品牌官方）。

aught size	Miyuki 御幸	Toho 东宝	MGB 星牌	Preciosa 宝仕奥莎
15/0	1.5mm	1.5mm	1.5mm	1.4 ~ 1.5mm
11/0	2mm	2.2mm	2mm（方孔）	2.0 ~ 2.2mm
8/0	3mm	3mm	3mm	2.8 ~ 3.2mm
6/0	4mm	4mm	3.6mm	3.7 ~ 4.3mm

圆珠根据尺寸从小到大最常见的有15/0、11/0、8/0和6/0，由上表我们可以看出aught size数值越大，米珠尺寸越小。其中最常用的尺寸为15/0和11/0。捷克产的米珠尺寸更多，有如16/0和12/0、13/0、14/0等不常见的尺寸。

古董珠常见的有15/0、11/0、10/0和8/0，其中最常用的为11/0即外径约1.6mm的古董珠。需要特别注意，它们的外径有些与同号圆珠不同。以日本御幸古董珠Delica Beads为例，对应上述尺寸的外径分别为1.3mm、1.6mm、2.2mm和3mm。御幸古董珠的15/0、11/0、10/0和8/0简称为DBS（Delica Beads Small）、DB（Delica Beads）、DBM（Delica Beads Medium）和DBL（Delica Beads Large），本书的案例将用到这个品牌一部分尺寸的古董珠。古董珠也有截面为六边形的切面珠，御幸切面古董珠简称为DBC（Delica Beads Cut），注意不要把切面古董珠和角珠搞混了。右下图为同色号的圆形古董珠和切面古董珠的比较。

圆珠，从上到下为
6/0、8/0、11/0、15/0

古董珠，从上到下为
8/0、10/0、11/0、15/0

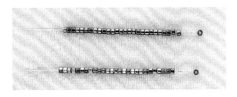

同色号的圆形古董珠（上）
和切面古董珠（下）

角珠相对不如圆珠和古董珠应用广泛，但它的多切面比弧形的表面更耀眼。角珠常见有 15/0、11/0 和 8/0 几种尺寸，外围最大处（对角的距离）分别是 1.5mm、2mm 和 3mm，常用的尺寸为 15/0 和 11/0。右图为不同尺寸和形态的角珠。

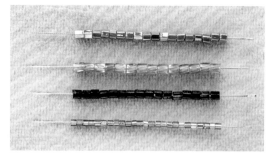

角珠，从上到下为 11/0、10/0（螺旋角珠）、11/0、15/0

（2）配珠

米珠之外的珠子都可以归纳入配珠，这些珠子作为辅助材料可以给作品带来更多的质感和色彩变化，有时候还能起到画龙点睛的作用。

可以选择的配珠多种多样。玻璃、水晶、琉璃、木材、金属、天然石、骨质、角质、树脂等各种材料的，使用不同工艺制作的，形形色色的珠子都可以与米珠组合，做出精彩的作品。

对于初学者来说，可以先了解一些常规的配珠。这些常规配珠的优点是和米珠一样都有标准化的尺寸、颜色与形状，有常规的使用方法，有持续稳定的供应商，也容易找到替代品，所以对初学者来说会比使用不常规的珠子更容易上手。以下是常用的配珠样式。

 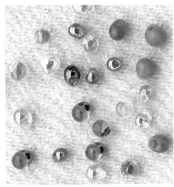 

◎管珠

严格来说，管珠也是米珠的一种，但由于不如上述三种米珠使用范围广泛，在此也把它归类于配珠。管珠也是由拉伸细长的玻璃管截成小段制作而成的。

◎水滴珠

水滴珠由于形状类似水滴而得名，左图是御幸的 3.4 水滴珠（大的）和 2.8 水滴珠（小的）。

右图中是两种胖水滴珠（御幸的 Magatama Beads，形状胖圆，有 3mm、4mm 和 5mm 三种规格，注意不要和 Long Magatama 中文凤尾珠搞混了）和长水滴珠（Long Drop，形状瘦长，尺寸为 3mm×5.5mm）。

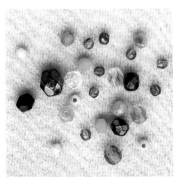  

◎火磨珠（枣形珠）

火磨珠是一种捷克出产的玻璃珠，先用砂轮将其表面磨出许多粗糙的切面，然后放入高温烤炉加热，使其表面略微融化，切面变得光滑（这个步骤即"火磨"），从而呈现出独特的温润反光。

◎造型珠

造型珠分几何形造型珠和异形造型珠两种，各品牌都有生产，其中捷克出产的造型珠品种最为丰富。上两图是部分种类的造型珠。

常见的几何形造型珠有提拉珠（1/4 提拉珠）、半珠（Demi珠 / 隔珠）、四方珠、三角珠等（上左图）；常见的异形造型珠有花生珠、花瓣珠、杨桃珠、半月珠、水滴珠等（上右图）。当然，这些只是造型珠中非常小的一部分。

◎爪钻

爪钻可以看成是具有特殊珠孔的珠子。小型爪钻常见尖底和平底两种。尖底爪钻底托上有互通的 4 个孔，穿线时可以有多种串法；平底爪钻底托上一般是十字交叉的两个通孔。上左图为尖底爪钻，上右图为平底爪钻。

◎纽扣

纽扣最常见的用法是作为链扣使用。除此之外，漂亮的纽扣还可以起到非常好的装饰效果，能成为一件作品的视觉焦点。

（3）镶嵌物

这类作为装饰的镶嵌物本身无孔，需要先加装带孔的金属底托或者用米珠包镶之后才能使用。如各种不同形状与切割形式的尖底 / 平底水钻、宝石、戒面、马赛克，乃至各种具有装饰性的形状规则或者不规则的物件等。通常，这类辅材要么体量大，要么光彩耀眼，要么颜色鲜艳，或者三者皆具，所以经常作为作品的视觉焦点，同时它们在结构上也会起到支撑和定型的作用。

2. 线材

串珠用的线材的种类与珠子相比相对较少，按材质可分为尼龙线、PE线、涤纶线和金属线。

（1）尼龙线

尼龙线主要有串珠线、鱼线和多股尼龙线三种。

◎串珠线

行业内常说的串珠线，是由浸了蜡的粘合在一起的许多根尼龙细丝组成，和鱼线相比质地软、垂感好，不但能串出柔软的成品，在拉得足够紧的情况下也能支撑起立体的结构。同时因为是串珠专用线，在制造过程中会避免加入可能损害珠子颜色涂层的化学物质，所以是串珠线材最靠谱的选择之一。不足之处是可供选择的粗细度不多，串小的珠子没问题，串大的珠子就会觉得太细，只能进行双线或多线串（2根或多根线合成1股使用）。

串珠线

很多串珠线都是米珠制造商特意为自家珠子生产的专用线，如御幸串珠线和东宝ONE-G，细而强韧，颜色选择较多。一般来说要选择颜色与珠子尽可能相同的串珠线，但有时线材与珠子不同色也能获得与众不同的出彩效果。

串珠线能赋予透明珠子颜色，也能和有色珠子的颜色相叠加，产生特殊的视觉效果。右下图小花朵用的是无色透明米珠，利用不同颜色的串珠线使作品呈现不同的色彩。

美国产的Nymo线（尼莫线）也是由无数细尼龙丝合在一起组成的，但没有打蜡，因此比较松散，过珠孔次数多了容易起毛，一般建议打蜡后再使用。但另一方面也因为它比较蓬松，在透明珠子内部看起来会更有存在感，在需要使用线的颜色来生成、叠加、改变珠子颜色的时候，效果要比打蜡的串珠线更好。Nymo线的粗细型号较多，但目前在国内市面上品种较少。

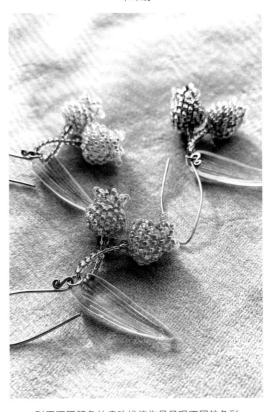

利用不同颜色的串珠线使作品呈现不同的色彩

◎鱼线

就是最常见的钓鱼用的透明一体尼龙线，粗细选择多，但颜色种类少。

鱼线的垂感较差，偏硬挺，所以适合串一些立体的、需要定型和达到一定硬度的串珠作品，本书中大多数作品都使用鱼线制作。

购买鱼线需要考虑的因素不多，基本就是粗细的选择，使用米珠的作品，一般可选择 0.12 ~ 0.2mm 粗细的鱼线。好的鱼线在使用过程中不容易发生卷曲。

鱼线

> **提示**
>
> 市面上很多鱼线的尺寸都会比厂家声称的稍粗一些，如果从网上购买，可以选择比实际需要偏小点的尺寸。

◎多股尼龙线

多股尼龙线是把众多尼龙细丝分成几股，再把这几股拧在一起制成的线。如美国产的 silamide thread 是两股拧在一起的打了蜡的尼龙线，用来串珠口碑不错。国产的多股尼龙线有很多品种，一般都偏粗，只能用于使用大珠子的简单针法。

不同颜色、不同粗细的多股尼龙线

> **提示**
>
> 尼龙线统一的特点是有一定的延展性（能拉伸），使用时需要考虑到这点，要根据需要来把握拉线的松紧程度。一般来说，用尼龙线时可以比其他材质的线拉得紧一点。
>
> 尼龙线和涤纶线从外观上不容易分辨，可以通过火烧等方法鉴别：尼龙线火烧冒白烟，涤纶线则是冒黑烟。

（2）PE 线

PE 线即聚乙烯线，这类线最突出的优点是强度和耐磨性好，即使用剪刀也很难剪断。用来串珠的 PE 线常见的有两种。

一种是以火线（fireline）和野火线（wildfire）为代表的 PE 线，这类线由许多根融合在一起的 PE 细丝组成，用这类线串珠孔处较为锋利的珠子时会比尼龙线要耐割。火线用来串珠一般选择 6 磅（1 磅 =0.45kg，下同）拉力的。

PE 线——火线

PE 线——大力马线

第二种可以用来串珠的 PE 线是大力马线，如 powerpro 线，这类线是由许多根细的 PE 线编织形成的。大力马线比火线强度更大，更耐磨。目前所知的串珠线材里面，大力马线是最结实最耐磨的。

御幸旗下的 PE 线 Dura-line 就是属于大力马线，还带有耐磨涂层，但国内很难买到。

PE 线没有延展性，所以使用时不用考虑伸缩问题。个人认为延展性可以是缺点也可以是优点，完全依据使用场景而定。

PE 线虽然耐磨但并非串珠首选线材，因为价格相对高而且颜色选择有限，很多还有掉色、变色的问题。

（3）高强涤纶线

高强涤纶线大多由 2 股或 3 股拧在一起的涤纶细丝构成，柔软，没有延展性。

御幸专门用于钩珠的线也是涤纶材质的。钩珠是一种特殊的串珠工艺：先把珠子按所需顺序一次性全部串好，再用钩针钩成所需造型。

涤纶强度和尼龙差不多，耐紫外线不易褪色，很多情况下都能替代尼龙线用于串珠。

本人刚入门串珠时尝试过不少国产的高强涤纶线（就是缝制皮具用的那种线）。个人体验是，这类线作为串珠线的平替是可以接受的：价格低廉，尤其是用来设计打版，随便用随便拆毫不心疼；强度没问题，而且颜色选择很多；粗细也基本能满足需求；市面上最细的国产 2 股高强涤纶线只比串珠线稍粗，能串最小的珠子，串大珠子的粗线更是选择多多。

各种国产高强涤纶线

用高强涤纶线串珠需要注意以下问题。

① 高强涤纶线容易打结，所以串珠时线不要留得太长。串珠专用线打蜡的原因之一就是防止产生静电，避免缠绕在一起打结。使用高强涤纶线也可以先进行打蜡处理，能很好地防止打结。网上有专用的线蜡出售。

② 珠孔有颜色涂层的珠子尽可能使用串珠专用线或者透明鱼线，有些高强涤纶线可能含有会破坏珠子颜色涂层的化学成分。个人经验是透明鱼线非常纯净，没有任何此类潜在风险。

提示

　　几种线的选择原则是：珠孔较锋利需要强度好的线时就用火线或者大力马线；想要成品硬挺就用鱼线；想省钱且耐性足够好可以选国产高强涤纶线；不确定用什么线时都可以用尼龙串珠线。

（4）金属线

用到金属线的串珠主要有中式辑珠和法式串珠花（french beaded flower）。用金属线串珠有以下的优点：不需要针；方便形成造型，直接把金属线弯折出所需的样子即可。

串珠用的金属线多为铜线，有些线带有涂层可以防止氧化。如使用需过珠孔次数较多的串法，建议选择28gauge（gauge为金属线的粗细型号，数字越大越细）以上，粗细0.3mm以下的细软线。

下左图的右上角是Beadsmith的保色铜线，最外面防止氧化的薄尼龙层下面还有一层镀银，所以呈现出非常美的浅亮金色。图中是18gauge的粗细，对于串珠来说太粗了，主要用于做金属配件。

（5）名副其实的串珠线

这类线适用把珠子直串成一串，是名副其实的"串"珠线。

◎**真丝线**

线上直接带针，使用很方便，用来串珍珠或者同类型的珠子。

◎**虎尾线**

英文名为tiger tail wire，是尼龙包裹的多根细钢丝线，因此也叫钢丝线，一般有7根（包裹的细钢丝数目）、21根、49根等型号，数字越大线越软垂。虎尾线非常强韧、超级耐磨，使用也很方便，一般结合定位珠来使用。

金属线　　　　　　　　　　　　　　　真丝线与虎尾线

3. 金属配件

下图展示了串珠常用的金属配件，这里先简单介绍下，部分配件的用法将在后面的教程中详细介绍。

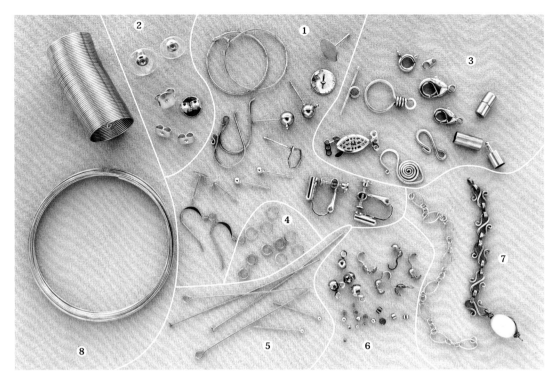

1 区域： 耳钉、耳钩、耳夹、耳圈　　**2 区域：** 耳堵　　　　**3 区域：** 各种链扣　　**4 区域：** 开口单圈

5 区域： T 形针、球形针、9 字针　　**6 区域：** 定位珠、包扣　　**7 区域：** 链条　　**8 区域：** 记忆线圈（定型线圈）

◎金属配件的选择

　　手工制作串珠首饰包含的人工成本较高，所以选择的金属配件应与其价值相匹配，尽可能选择比较好的金属配件。

　　关于材质，对配件要求高的可选择 925 银，或者 925 银包金、镀金，其次是铜镀金的配件，再经济些的可选择高品质的铜配件。

　　个人偏爱用黄铜线手工自制配件，主要原因是：能够给作品量身定制市面上不好找的大尺寸配件；手工的质感和串珠很搭；黄铜是一种比较耐老化的金属，即使氧化变黑的黄铜也很容易擦亮，擦完后还能呈现出一种时光沉淀的美感。黄铜制作的首饰佩戴之后擦拭干净存放于干燥的环境中即可，无需特意保养。

自制黄铜配件，最下面的是从手链上拆下来的年代久远的链条

4. 工具

串珠手工艺无需复杂的工具，只需少量常见的工具即可。

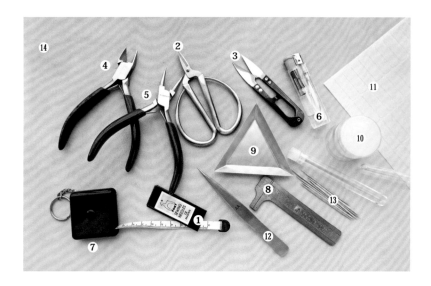

① 针　②③ 剪刀
④ 剪钳　⑤ 圆嘴钳
⑥ 打火机　⑦ 软尺
⑧ 游标卡尺　⑨ 三角碟
⑩ 透明瓶　⑪ 自粘标签
⑫ 镊子　⑬ 牙签　⑭ 垫布

◎ **串珠垫布**

推荐天鹅绒材质的大桌布，质地柔软，可防止珠子反弹后飞溅散落。建议选择明暗适中的柔和色彩，方便衬托出珠子的颜色，还能作为很好的拍照背景。

◎ **针**

串珠针比普通手缝针细长，更重要的是针的整体粗细一致，尤其是针孔处不会更粗，能很方便地穿过珠孔，而不会受阻。

串珠针市面上常见的品牌有日本郁金香牌"Tulip"、英国针"John James"、印度小马串珠针"Pony"等，一些米珠生产商如御幸也有自己品牌的串珠针。日本针价格最贵，但也最强韧耐用。郁金香针非常好用，串多层紧致的复杂作品也不容易弯曲变形，其在针头（一般将针孔处叫针头，尖头处叫针尖）处有镀金，所以也被称为"金头针"。小马针价格低廉，质量也不错，串珠材料店铺基本都有出售，容易获取，使用最为广泛。

对于初学者来说，串珠针的选择主要考虑与珠孔大小是否匹配，常用的型号有 10 号、11 号和 12 号几种，号码越大针越细。

小马针性价比较高，与本书作品难度相当的项目足够用了。建议选择 11 号或 12 号的（12 号最细），适合大部分的串珠需求。

◎ **剪刀**

选择小巧尖嘴的剪刀，剪线头时能更好地做到不留痕迹。

小马针

郁金香金头串珠针

◎ 剪钳

剪钳主要用于剪断金属线。

◎ 珠宝圆嘴钳和尖嘴钳

顾名思义，圆嘴钳的钳子嘴为圆形，尖嘴钳的钳子嘴较尖。珠宝圆嘴钳和尖嘴钳专门用于珠宝工艺，主要用于弯折金属线。圆嘴钳可以将金属线弯成不同的弧度，尖嘴钳可以将金属线弯折出角度，还能用于打开或者闭合开口单圈等操作。有了这两把钳子，基本上就足够用于自制简单的金属配件了。

从左到右：圆嘴钳、尖嘴钳、平嘴钳、剪钳

◎ 打火机

普通可调节火焰的打火机即可，主要用于烧结线头，使用时要将火焰调到最小。

◎ 测量工具

软尺，主要用于测量线长、作品尺寸等。

游标卡尺，主要用于测量珠子、水钻、戒面等的大小。

◎ 收纳工具

三角碟，用于收集散落的珠子，用三角碟的边缘刮一刮就能把珠子集中起来，再一舀就能把珠子都装入碟中，尖角方便把珠子倒回容器。

透明瓶，主要为 PS（聚苯乙烯）、PE（聚乙烯）等塑料材质。可以配合自粘标签纸使用，可以将珠子的规格、色号、品牌等必要信息写在标签纸上后粘贴到瓶子上。

◎ 镊子和牙签

镊子和牙签用于处理和调整作品细处。

5. 新手如何购买珠子

购买珠子并不是个简单的课题。珠子品牌、种类繁多，新手常常感觉无从下手，不知道要购买哪些。初学串珠时，从"不知何处觅米珠"到"淹没在珠子海洋里找不着北"，我也走了非常多的弯路。下面详细讲解珠子的选购方法，我会将十多年来各种试错后总结的经验分享给大家。

（1）按教程购买

对于刚入门的初学者，建议先找几个喜欢的教程学习体验一下。比如本书中的教程使用的材料都是通用材料，容易购买，本书也给出了珠子的品牌、尺寸、色号、材料等关键信息，直接搜索关键词，照着配齐就可以了，数量可以买富余一点，慢慢积累下来，你手头就会有一些现成的材料可以使用。

当然，对于一些较复杂的教程，一时要把所有材料配齐会有一定的难度，这时可以选择购买配教程的材料包。许多网络购物平台都会有带教程的材料包出售。购买材料包一般会比自己配材料贵，但一个教程的材料往往需要从不同店铺购买，如果加上运费和找材料的时间成本来看，买材料包或许是更为经济的选择。

（2）逐步了解自己偏爱的材料

有了几次按教程配材料的经验之后，你就会对一些常用的材料有一定的了解，同时也会慢慢发现自己偏爱的材料，如某个品牌、某个色系、某种质感的珠子。以后买材料的时候就会有一个比较清晰的目标，而不会被眼前各式各样的珠子弄得眼花缭乱，选择困难。

（3）基本不会出错的珠子

下面将介绍一些基本不会出错的珠子，这些珠子只要看着喜欢、价格不超预算，就可以放心购买。

串珠用的珠子目前比较常用的是"御幸"和"东宝"两个品牌的米珠。御幸和东宝的11/0、15/0的圆珠，以及御幸11/0的Delica古董珠（简称DB珠）基本都不会闲置，总有用得到的地方。御幸DB珠以出色的均匀度和超多的颜色选择著称。东宝有两种古董珠：一种是Treasure珠，颜色选择少，市面上也不多见；另一种是价格昂贵的Aiko珠，均匀度要高于DB珠，适合经济宽裕的资深玩家。

不同品牌的珠子，哪怕相同号数的同种珠子，尺寸、形状上也不会一模一样，会有一定的差异，购买珠子时要考虑这一点。右图是东宝和御幸的11/0圆珠。

上为东宝米珠，下为御幸米珠

捷克宝仕奥莎（Preciosa）的珠子在国际上享有盛名，它的米珠款式众多，质量可靠，价格也较适中。宝仕奥莎还出品各种价格低于施华洛世奇的优质水晶珠和水钻，以及多种能把串珠艺术性提升到新高度的异形珠。

（4）需要考虑珠子的色牢度

关于米珠有一个令人悲伤的事实：很多米珠无法做到完全不掉色，并且越鲜亮的、越特别的色牢度往往越差。作为首饰佩戴的串珠作品往往会接触皮肤上的汗液和化妆品等，对于米珠的色牢度要求相对就比较高。如何买到色牢度较高的珠子呢？

大品牌的珠子，大部分的色牢度基本在可接受范围内，并且品牌米珠的色牢度都能在官网查询。

东宝珠子的色卡上，每种可能掉色的珠子都会有相应的标注，而御幸则在它的官网上有珠子色牢度查询表，只要输入色号就可以查询到珠子的色牢度。色牢度的衡量标准主要是珠子对氧化、摩擦、光照以及香水洗涤剂等的耐受程度。

> **提示**
>
> 有些珠子使用了镀镍的工艺，也能在色牢度表里查到，对镍过敏的小伙伴要避免将它们用于接触皮肤的首饰。

御幸官网提供的"色牢度表"如下所示。

从左到右前三列分别为：同色的古董珠色号、圆珠色号、色彩名称。

后面英文字母 A、B、C、D 分别对应三个色牢度指标：A 为对氧化 / 紫外线的耐受；B 为对摩擦、汗液的耐受；C 为对干洗剂的耐受；D 代表是否含镍。

色牢度等级分三个等级：O、－、×。O 代表色牢度基本没问题，色牢度最强；－ 代表会有小概率的色牢度问题，色牢度还算可以；× 代表色牢度不是很好，要小心使用。N 代表含镍。

古董珠色号	圆珠色号	色彩名称	色牢度以及是否含镍			
			A	B	C	D
DB0029	188	Nickel–Plated AB	O	O	O	N
DB0129	1894	Transp. Orange Gold Luster Red Brown	O	O	O	
DB0150	29	Silver–Lined (S/L) Brown	－	－	－	
DB0177	291	Transp. Capri Blue AB	O	O	O	
DB0180	296	Transp. Brown AB	O	O	O	
DB0295	2248	Inside Dyed	O	O		
DB0296	2249	Inside Dyed	－	O	×	

正因为存在色牢度问题，我们需要明白：珠子是美丽而脆弱的，在学习串珠技巧的同时也要懂得如何保养珠子和串珠作品。遵循以下几点可以使心爱的串珠和串珠首饰保持长久的美丽：①串珠是脆弱的玻璃材质，所以首要先要轻拿轻放，切忌大力碰撞；②避免与坚硬粗糙的物体发生摩擦；③防潮，尽量避免接触水，尤其是远离汗水；④尽量避免接触香水化妆品洗涤剂等化学成分；⑤收纳时先用软毛刷除去浮尘后用软布轻擦干净再装入首饰盒，然后放置在干燥避光处保存。

（5）学会寻找平替材料

串珠总体来说是一个比较亲民的爱好，但如果总是购买大牌珠子也是一笔不小的开销，下面推荐几种大牌珠子的平替珠子。

日本 MGB（Matsuno Glass Beads，日本米珠制造商品牌，国内叫松野或者星牌）的圆珠、角珠和管珠。星牌其实也算是大品牌，珠子质量稳定可靠，但要比御幸和东宝平价不少。不足之处是颜色较少，但对初学者也够用了；另外均匀度不是特别高，但挑选后使用是没问题的。星牌的圆珠形状跟东宝品牌的比较接近。

国产超优米珠和古董珠。国产米珠的质量，尤其是在均匀度方面，近些年有了很大的进步。国产古董珠种类也越来越多，除了常用的 1.6mm 以外，还有一些日本古董珠没有的尺寸，如 2mm 和 2.5mm 等。下页图为来自国内不同厂家、不同型号的古董珠。国产米珠跟进口大牌米珠仍有差距，但价格确实低廉不少。在预算有限又需要大量使用珠子的情况下，国产米珠不失为好选择。

需要注意的是，国产米珠最大的问题还是色牢度，因为大多数采用烤漆、电镀或者染色工艺，容易掉漆掉色。对色牢度要求高的小伙伴一定要先问清楚再购买。

国产古董珠

（6）去哪里买和怎么买

上面说了买什么，下面讲讲去哪里买。

◎**淘宝**

淘宝是网购的首选平台。无需太多技巧，直接搜关键词就可以。所以网购珠子的窍门就是掌握正确的关键词，品牌米珠直接搜型号、色号就能找到。有很多售卖米珠的店家，先点进去看下，如果店里主要商品都是相关领域的，基本都不会有大问题。目前来看，淘宝上售卖进口品牌珠子的店铺口碑大体都不错。

价格方面，网店价格都是公开透明的，同样的珠子在不同的店价格出入不会太大，与其费劲比价，不如找一家靠谱的店铺尽可能从同一家配齐珠子，可以节省不少时间成本和运费。

◎**小红书**

小红书是国内串珠人最集中的平台，虽说小红书直接出售串珠的店铺不如淘宝多，但可以在上面找到圈内最新、最齐全的串珠资讯。

◎**闲鱼**

闲鱼上也有不少珠子玩家，能淘到很划算的珠子，但需要小心踩雷。

◎**微信群**

玩串珠一段时间后，多多少少会接触一些专门团串珠材料的微信群，能买到比市场价低的珠子。但交易尽量到正规平台，避免不必要的麻烦。

◎**实体店**

最后就是去实体店购买，实体店买材料的好处是直观，不容易买错。但串珠材料的实体店目前在国内数量很少，而且价格也会更高。另外，可以去服装辅料市场拿样板。一般来说服装辅料市场不零售串珠，但有些店铺也会以样板的形式出售小包的串珠材料。

国内两个最大的线下珠子集散地是义乌和潮州。具体地址和相关信息可以去网上搜索。

广州中山大学附近的国际轻纺城及周边是我常去购买辅料的地方，各种珠子、水钻种类繁多，以国产为主，也有出售进口米珠的商铺，但需要花些时间寻找。

另外，香港的深水埗地区也有不少小店散卖珠子和各种串珠材料、工具。

（7）利用创造力来发现和创造材料

我一向坚信，任何一颗珠子乃至任何具有珠子潜质的物件在串珠中都能找到适合它的位置，都有可能成为一件出色作品的一部分。这些材料，可能是祖传首饰掉落的部件、旧物店某件大衣的扣子，也可能是旅途中收获的纪念品，或是大自然里偶遇的鹅卵石、飞鸟羽毛、昆虫翅膀、植物种子、风干的木块，或是建筑废墟里的瓷砖碎片、五金店里发现的形状特别的金属件，乃至各种家居杂物……只要掌握了一定的基础技法，再加上足够的想象力和创造力，可以利用的材料是无穷无尽的。

下图是本人收藏的珊瑚、贝壳、鲨鱼牙齿和甲虫翅膀等。这些都有机会用到今后的作品里面。

（8）积累

从接触串珠开始，我们就进入了珠子的世界，任何时候任何场合碰到的任何一颗珠子，都可以想象如何将它用到串珠作品里，遇到合适的材料就可以收集起来。长期积累下来，你会发现收集了带有个人风格和印记的一整套材料，足以随心所欲地串出个性鲜明的原创作品。

上左 / 利用手工编绳挂毯的棉绳边角料和串珠共同制作的蓟花耳环
上右 / 马赛克地砖改造的串珠吊坠项链
下 / 本人收藏的珊瑚、贝壳、鲨鱼牙齿和甲虫翅膀等

第3节　串珠工艺的基础技法

本节讲解串珠工艺最基础，也是最常用的技法。这些技法，加上下一章讲解的基础针法，就构成了一整套成体系的串珠知识，大家掌握这个体系就能在串珠的世界自由翱翔了。

1. 起针方法

（1）打结起针法

有不少针法在起针时都需要打结，如管形仙人掌针（参见第2章第1节）起针时需要把多颗珠子串成一串再首尾相连形成一圈，这个时候就需要打结固定。串珠里最常用的结是反手结（见左图，为了让大家看得更清楚，用粗皮绳打结作为展示，并且特意没有将结系紧）。无论是起针、收尾、加线都要用到反手结。

反手结的优点是操作方便，足够牢靠，且体积小不容易堵塞珠孔。

反手结

下图为打结起针法的具体操作方法。图中标注箭头的一端为工作端（为方便表述，将线穿针的一端定义为工作端，另一端为线尾，后文不再重复解释）。先串入所需数量的米珠，线尾绕工作端打一个反手结，拉紧，把线的工作端和珠子全部拉到位，即完成了起针。

起针完成后，在工作端继续串珠完成接下来的工作。

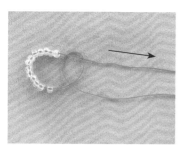 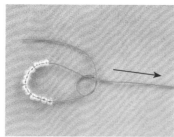 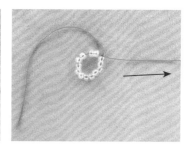

（2）挡珠起针法

有些针法的起针是不方便打结固定的，如最基础的仙人掌针法（参见第2章第1节的偶数和奇数仙人掌针），这时可以用挡珠法起针。

下图中红色米珠为挡珠，挡珠不是作品的一部分，它的作用是固定线尾的位置，使接下来串入的珠子有一个拉紧的着力点。任何一颗大小合适的米珠都可以用来做挡珠，一般小点的米珠来做挡珠更不容易滑动。

将线串入挡珠，拉到所需位置，再次穿过挡珠并拉紧线，视情况可将线多次穿过挡珠，以挡珠不能沿线滑动为固定到位。等作品完成后，取下挡珠再打结收尾即可。

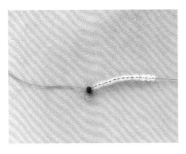 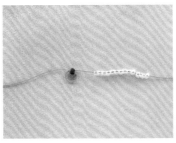 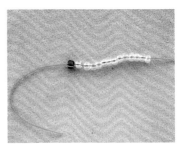

2. 收尾方法

　　收尾打结的方法最常用的是将工作端围绕已串好珠子的线打反手结，稳妥起见，结打好拉紧后过一颗或几颗珠子再重复打结拉紧，视情况可以多重复几次，然后在离最后一个结2mm左右处剪掉多余的线，最后将2mm的残余线头用打火机小火蓝焰烧熔成一小球。如果不方便烧结，也可以在剪线之前尽可能地多穿过几颗珠子后再剪掉多余的线。方法参考下左图。

　　深色珠：作品最后添加的珠子。

　　红色线：打结收尾部分。

　　红色圆点：红线绕黑线打的反手结。

3. 加线方法

　　在串珠过程中，需要不时地加线，可以使用先收尾再重新起针的方法。方法参考下右图。

　　深色珠：作品最后添加的珠子。

　　红色线：旧线收尾部分。

　　蓝色线：新加的线。

　　蓝色圆点：蓝色线绕黑色线打的反手结。

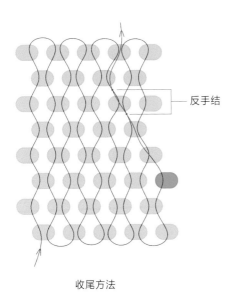

反手结

收尾方法

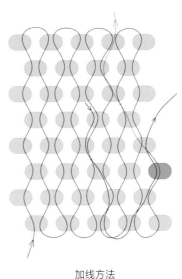

加线方法

4. 防止线滑脱出针孔的方法

用单线串珠时，线头可能从针孔滑脱出来，导致一些令人烦恼的重复穿针操作，下面的小技巧可以防止线滑脱出针孔，这些不起眼的操作往往决定了串珠过程是一种享受还是一种折磨。

（1）烧线法

线穿入针孔后，打火机调到最小火，用火焰的蓝焰处将线末端烧熔成一个比针孔稍大的小球。这种方法的优点是操作方便；缺点是会影响后面串珠的顺畅度，烧熔的小球在过珠子或者过线的时候很容易被卡住。烧线法主要适用于鱼线。砖针最容易卡，所以不建议用于砖针。

（2）双线法

双线法，参考左图，是把针拉到线的正中间，线两端对齐合并起来同时串。这种方法，线的工作端是闭合的，所以不会出现线滑脱出针孔的情况。双线法的优点是操作方便，过线顺畅；缺点是在串珠孔小的珠子时，双线会双倍填充珠孔，珠孔容易堵塞，并且双线串在加线或收尾打结时更为麻烦。所以双线法只适合串大孔洞的珠子。

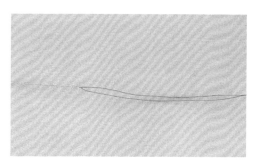

双线法

（3）劈线法

这是本人为了针对砖针专门设计的方法，无法考证前人是否已经应用于串珠，暂且命名为"劈线法"。具体方法是如下图所示。①线穿过针孔。②用针尖将线劈开，形成一个小孔。③整支针穿过这个小孔，再将线拉到位。实践证明这种方法非常好用，唯一的缺点是无法用于鱼线。因为鱼线是一体的，无法劈开。

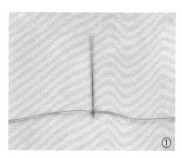 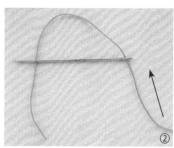 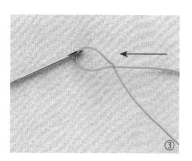

劈线法还能代替打结法运用于珠圈的起针，快速简便。

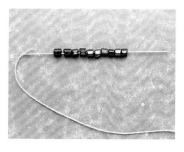 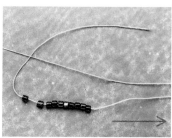 

第 2 章
串珠的基础
针法

第 1 节　仙人掌针　024

第 2 节　鲱鱼骨针　044

第 3 节　方针　060

第 4 节　砖针　068

第 5 节　直角编织　079

第 6 节　五珠球针　093

第1节　仙人掌针

1. 针法简介

仙人掌针可以说是最基础、用途最广的一种针法，常见于美洲原住民的串珠。仙人掌针有着非常多的变化，并且能非常方便地与其他针法结合，灵活地制作各种平面和立体的形状。米珠中的古董珠（御幸的 Delica，东宝的 Aiko、Treasure 等）用仙人掌针能串出完美的严丝合缝的作品，当然有时也会因为珠子之间太过贴合，而对创作造成一定的限制。

2. 针法步骤分解

（1）仙人掌针平面针法

仙人掌针平面针法主要有方形（长条形）、圆形（环形）两种，其他各种平面形状都是由这两种变化衍生出来的。

◎方形仙人掌针

方形仙人掌针根据起始行珠子数目的不同分偶数串法和奇数串法两种。

奇数串法在完成每一行后都有一个转向的操作，而第 1 次转向与之后的转向相比有细微差别，转向方法参考下图"奇数仙人掌针步骤分解"的步骤 3 和步骤 5。

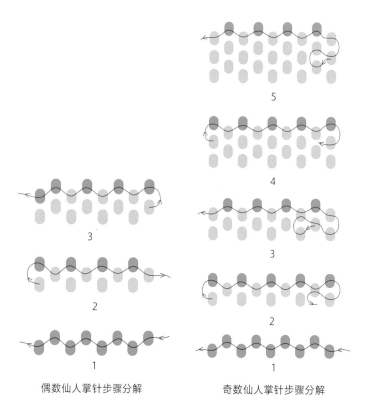

偶数仙人掌针步骤分解　　　奇数仙人掌针步骤分解

图纸说明

① 浅色为前面步骤已串好的珠子；深色为当前正在串的珠子，即本步骤添加的珠子。

② 读图纸时首先找到分别代表该步骤起点与终点的两个箭头，2 个箭头之间的线为该步骤进行的串珠走线。

③ 为了更清晰明了，一般只画出正在进行的步骤的走线；已经穿好的线，除非还需参与后面的操作，一般在后面步骤不再画出；如画出前面步骤的走线，一般以灰色线表示。

④ 箭头标注的起止点：每一步骤起点即为上一步骤终点；每一步骤终点即为下一步骤起点。

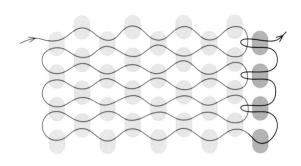

偶数仙人掌针加砖针改奇数

由于转向的存在，奇数仙人掌针不如偶数仙人掌针平整，所以尽量使用偶数串法，必要时可以完成偶数仙人掌针后再加1行砖针（砖针参考本章第3节，68页，69页）来达到所需的奇数。左图深色珠子为砖针，在已完成的偶数仙人掌针（浅色珠子）上面添加，最后整体变成奇数仙人掌针效果。

形成不同形状的环形仙人掌针

◎环形仙人掌针

环形仙人掌针由珠圈起针，起针珠子数目一般为3颗、4颗、5颗。环形仙人掌针常用于串圆形，稍加变化也可以串出其他不同的平面几何形状。

因为这种针法需要一圈一圈往外增加珠子数目，所以在适当的位置要加2颗珠子而不是1颗。

下面图纸以3颗珠子起针为例。

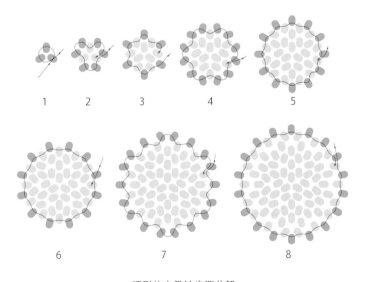

环形仙人掌针步骤分解

（2）管形仙人掌针

这种针法主要用于串绳形、管形（圆柱形），以及基于管形变形衍生的各种立体形状。风铃状、杯状花朵，螺旋形绳如切里尼螺旋、荷兰螺旋都是应用此种针法制作的。下图以更方便的偶数起针为例。

和环形仙人掌针一样，管形仙人掌针也是以珠圈起针的，不同的是环形仙人掌针是以一定的规律递增珠子的数量，而管形仙人掌针每圈添加的珠子数量是不变的。

管形仙人掌针如果以奇数起针将是一个无限循环的螺旋形，它的每一圈都是不闭合的。

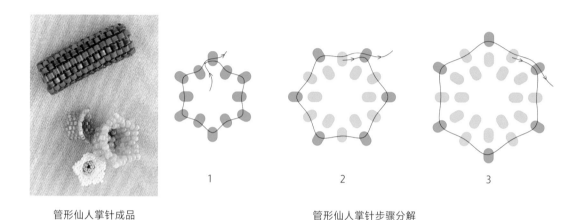

管形仙人掌针成品　　　　　　　　　　　　　管形仙人掌针步骤分解

（3）仙人掌针的缝合

仙人掌针相邻珠子呈现一进一出的结构，将两片仙人掌针缝合在一起可以做到严丝合缝。

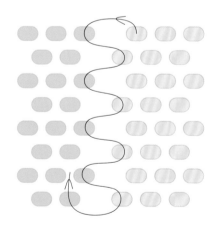

仙人掌针缝合法

3. 应用案例 1：雏菊

包镶水钻是仙人掌针在首饰制作中最常见的应用之一，而加减针法可以制作出带褶皱的花瓣。下面通过制作一对简单又不乏细节的小雏菊耳坠来学习管形仙人掌针和仙人掌针加减针法的技法。

针法 管形仙人掌针、仙人掌针加减针法　　　　　**难度** ★ ★ ☆ ☆ ☆

▶ 材料和工具

珠子

- Miyuki RR15-252 透明黄 AB（A）
- Miyuki RR15-3530 透明华彩染心黄绿（B）
- Miyuki RR15-288 透明绿 AB（C）
- Miyuki DB11-877 实色磨砂绿 AB（D）
- 国产超优古董珠 1.6mm 金属质感薄荷绿（E）
- 12mm 绿色摩卡卫星钻（F）

其他

耳钩、0.16mm 透明鱼线、12 号串珠针、尖嘴剪刀、打火机

珠子材料表说明

本书对于珠子的描述由①＋②＋③＋④组成。

① 珠子的品牌。

② 种类缩写：RR= 圆珠（Round Rocaille），DB= 古董珠，2CUT= 角珠，DP= 水滴珠，TW= 螺旋管珠。

③ 珠子尺码：例如，RR11=11/0 圆珠，RR15=15/0 圆珠，DB11=11/0 古董珠，2CUT11=11/0 角珠。

④ 颜色：除了中文描述外，AB= 幻彩（英文 aurora borealis 原意北极光，指像北极光那样的幻彩），如透明黄 AB，指带幻彩镀层的透明黄。

⑤ 字母代号：为方便表述，每种珠子都在具体名称后给出一个英文字母的代号，在之后的案例讲解中以字母代号来表示。

例：MIYUKI RR15-252 透明黄 AB（A）= 御幸幻彩透明黄（色号 174）15/0 圆珠，用 A 表示。

制作步骤

（1）制作花心

依据图纸1、图纸2、图纸3，用管形仙人掌针包镶尖底钻F。

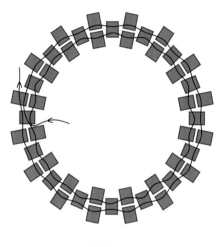

图纸1

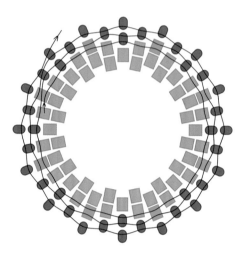

图纸2

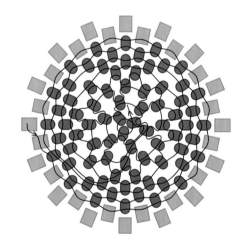

图纸3

教程文字内容说明

① "图纸"指电脑绘制的走线图，如图纸1、图纸2……

② "图"指实拍步骤图：如图1、图2……图中一般会用红色箭头标注出线的工作端。某些必要的情况下会标出起点和终点的珠子（起点珠子上标注红点，终点珠子上标注蓝点）。

③ 为方便表述，珠子以英文字母代替，并会将＊颗A珠，简略说成＊A。

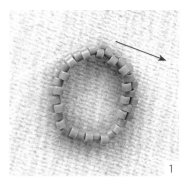
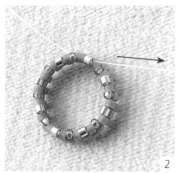
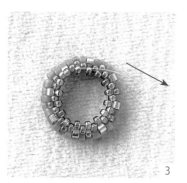

1　　　　　　　　　　　　2　　　　　　　　　　　　3

第1步　按照图纸1串管形仙人掌针。剪1根150 c m的鱼线，留线尾50 c m，串32D，再次过第1颗D，线尾绕第1颗D和第32颗D之间的鱼线打一个反手结（参考本书第20页"打结起针法"）。接着串第二圈珠子：串1D，过第1圈已经圈好的第3颗D；串1D，过第1圈已经圈好的第5颗D；串1D，过第1圈已经圈好的第7颗D；串1D……按此规律，串好第2圈的16颗珠子；线再次通过本圈的第1颗D，从其穿出继续下一圈。

第2步　按照图纸2用仙人掌针法继续往外添加珠子。首先1E、1C交替添加，整圈共添加8E、8C。

第3步　接下来的2圈各添加16颗C。此时可以看到珠圈朝上一面的开口已经明显缩小。可以打结或使用挡珠将线暂且固定（参考本书第20页"挡珠起针法"），使作品在接下来的操作中不会松动，注意留着线头别剪。

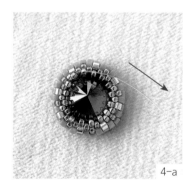
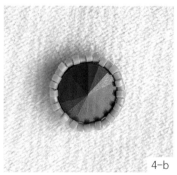

4-a　　　　　　　　　　4-b　　　　　　　　　　5

第4步　把水钻F放入珠圈，注意正面朝向珠圈开口小的一面（图4-a为正面、图4-b为反面）。

第5步　接着在起针时预留的线尾上穿上针，按照图纸3，串C珠，先串2圈常规管形仙人掌针，再用减针法（即图纸中第3、第6和第7圈串几针空1针的操作）逐圈向中心缩小，把钻的底面全部包起来。可以打结或使用挡珠固定这一端的线，先不要剪去。

（2）串花瓣

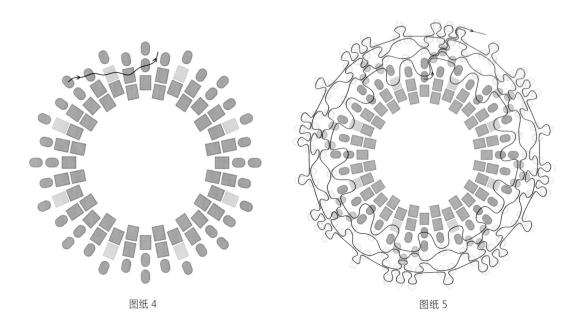

图纸 4　　　　　　　　　　　　　　　图纸 5

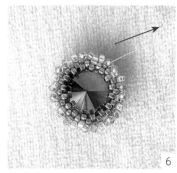

第6步

回到最开始的鱼线工作端，依据图纸 4 把线引到加花瓣的位置（即 C、E 那一圈），依据图纸 5，在 C、E 之间交替串 2 B、1 A、2 B、1 A……，重复至完成整圈。其中一针串 2 颗 B 的操作就是加针。

第7步

继续依据图纸 5 串完最后 3 圈（图 7-a、图 7-b、图 7-c），打结收尾剪除这一端多余的线，花朵完成。

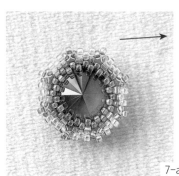

7-a

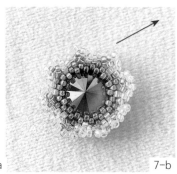

7-b

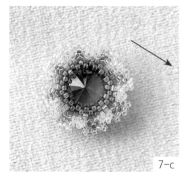

7-c

（3）添加耳钩

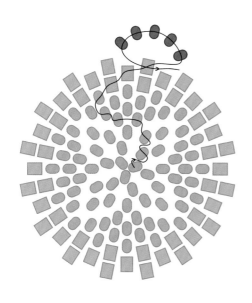

图纸 6

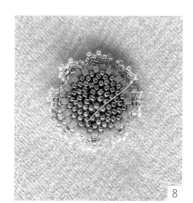

8

9-a

9-b

第8步 依据图纸6，把另一端的线引到1颗D（同圈任意一颗D均可）上面（当然也可以根据实际情况过其他的珠子到达要求的位置），在D上面串5颗C成1圈（图8）。打结收尾，剪除多余的线。

第9步 将耳钩放入上一步串好的珠圈，完工（图9-a）。同样方法再做一只耳坠形成一对（图9-b）。也可以用开口圈代替耳钩做成吊坠。

本案例方法适合串具有起伏感的花瓣形状，如左图这款粉色小花。

拓展应用 1：花环

雏菊案例使用的是最容易包镶的圆形尖底宝石，在此基础上简要给出几种更进阶的几何形平底宝石的仙人掌针包镶方法。

右图作品《花环》由多枚不同几何形状的米珠包镶琉璃耳环组成，主要有圆形、椭圆形、方形、水滴形和橄榄（马眼）形。其中圆形和椭圆形宝石的包镶方法与雏菊案例中介绍的基本一致，这里就不重复了。其余几种形状的宝石的包镶方法附材料与图纸。

◎ 方形平底宝石（戒面）仙人掌针包镶法

平底与尖底宝石包镶方法的区别主要是平底那面最后一圈的串法，即图纸中红线部分的最后一圈。

▶ 材料

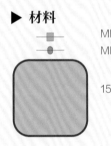

MIYUKI DB11
MIYUKI RR15

15mm×15mm 肥方戒面

图纸说明

红线为戒面背面（即平底那面）的串法，蓝线是其余部分的串法。

1

2

3

4

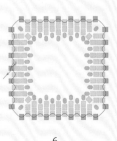

5

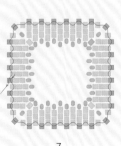

6

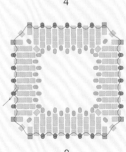

7

8

◎水滴形平底宝石（戒面）仙人掌针包镶法

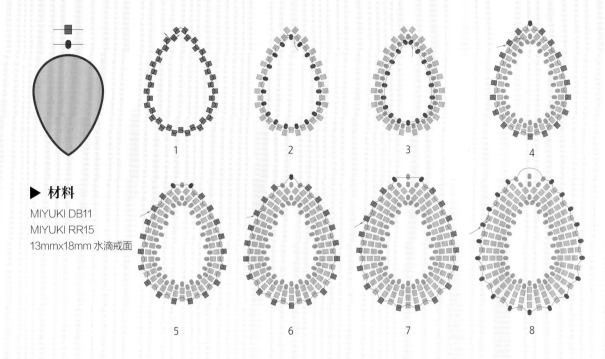

▶ **材料**

MIYUKI DB11

MIYUKI RR15

13mm×18mm 水滴戒面

◎马眼形平底宝石（戒面）仙人掌针包镶法

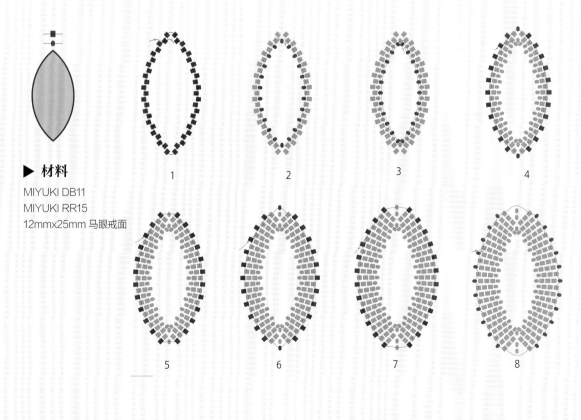

▶ **材料**

MIYUKI DB11

MIYUKI RR15

12mm×25mm 马眼戒面

拓展应用 2：灰色雏菊新娘耳饰

这款灰色雏菊新娘耳饰除了使用了不同的配色方案之外，花瓣部分还做了更密集的加针，因此得到了更深的褶皱效果。因为加配了 2 颗银灰色的施华洛世奇玻璃珍珠，使其看起来既活泼又不失端庄。

下面附制作图纸，除了花瓣部分与黄绿雏菊略有不同之外，其余部分与黄绿雏菊串法完全一样，把不同珠子依据以下图纸对号入座即可。

▶ **材料**

 Miyuki RR15-174 透明灰（A）

 Miyuki RR15-526 半透明奶油灰（C）

Miyuki DB11-863 透明磨砂灰 AB（D）

12mm 浅灰银底猫眼卫星钻（F）

拓展应用3：复古琉璃项链

仙人掌针包镶法实用又容易上手，经过前面的学习，新手也可以做出下面这款看起来非常复杂的复古琉璃项链。这款项链是在仙人掌针包镶法的基础上加简单的花边针（见本页右下角图纸）制作而成的。有兴趣的读者可以扫右边二维码观看成品的多角度细节。

扫二维码
观看成品细节

▶ 材料与工具

珠子

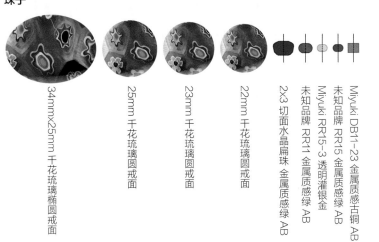

34mm×25mm 千花琉璃椭圆戒面

25mm 千花琉璃圆戒面

23mm 千花琉璃圆戒面

22mm 千花琉璃圆戒面

2x3 切面水晶扁珠 金属质感绿 AB

未知品牌 RR11 金属质感绿 AB

Miyuki RR15-3 透明灌银金

未知品牌 RR15 金属质感绿 AB

Miyuki DB11-23 金属质感古铜 AB

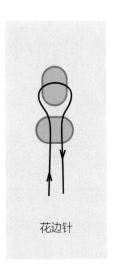

花边针

金属配件

铜链、链扣、开口单圈或S形开口圈

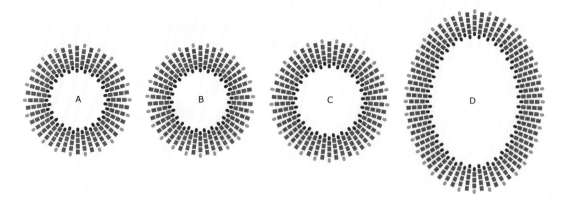

图纸 1

依据图纸 1 先包镶共 8 个戒面：2 个 A、3 个 B、2 个 C、1 个 D，从图纸中可以看出四种戒面的包镶方法除了每圈珠子数量不同之外其他都是一样的。也可以根据实际情况和个人喜好选择别的样式和尺寸的戒面，基本制作原理是一样的：①使用偶数管形仙人掌针；②起针珠圈正好围绕戒面底面外周一圈。

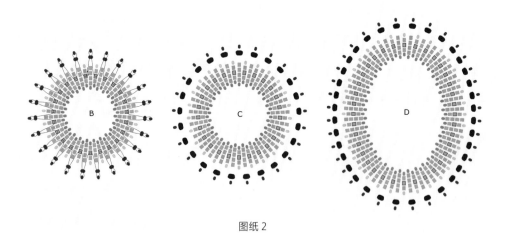

图纸 2

接着依据图纸 2 用花边针给戒面 B、C、D 各加一圈装饰花边，珠子加在描红边的珠子之间。注意 B 戒面花边针用的是 11/0 和 15/0 圆珠，而 C、D 戒面则是 3mm 切面水晶扁珠和 15/0 圆珠的组合。

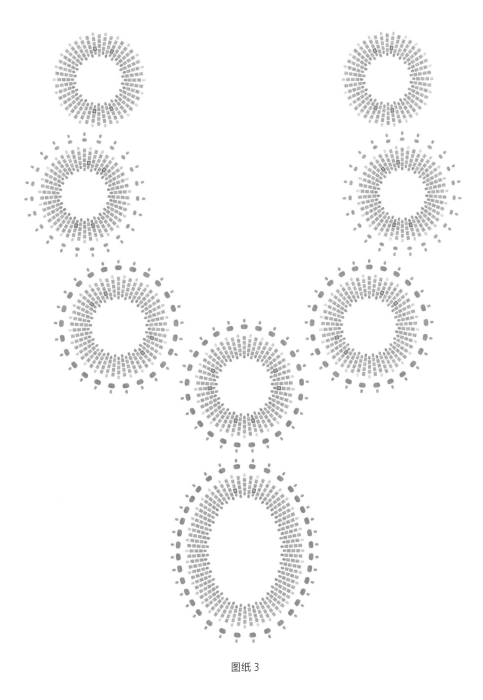

图纸 3

最后依据图纸 3 组装戒面：先在描玫红边的珠子上面串出连接环（可以按第 31 页雏菊教程的图纸 6 用珠子串珠圈，也可以按成品图，用细铜丝绕一个约 1mm×5mm 的螺旋线圈代替珠子，形成更精细的连接环），再用开口单圈或 S 形开口圈把对应的连接环连接起来，最后加上金属延长链和链扣。

4. 应用案例2：花苞手链

仙人掌针在立体几何形串珠中有着非常多的应用。本设计以正四面体为基础构成，正四面体是很容易用仙人掌针制作的基础几何形状，通常的做法是四个表面全部使用相同形状和尺寸的珠子（多为古董珠）。如果使用不同形状和大小的珠子，外加少许细节的变化，就可以得到变形的正四面体，本案例就是如此，形成三片叶片包裹的小花苞形态。

针法　仙人掌针为主　　　　　　　　**技能**　用仙人掌针制作立体几何形　　　　　　**难度**　★★☆☆☆

▶ 材料与工具

珠子

- Toho 2CUT11-989 透明染心暗金（A）
- Miyuki DB11-1405 透明雾蓝（B）
- Miyuki RR15-3731 透明染心浅黄灰（C）
- 未知品牌 RR10 透明蓝染心紫（D）
- Miyuki DP3.4-2035 实色磨砂橄榄绿 AB（E）
- Miyuki DP2.8-131 透明无色（F）
- Toho RR11-286 透明染心金褐（G）
- 4mm 铜珠（H）

1mm 定位珠
2.5mm 大孔黄铜方珠（孔径 1.8mm 以上）

其他

虎尾线（尼龙包芯多股细钢丝串珠线）
黄铜定位珠包扣
黄铜 OT 扣
1.6mm 透明鱼线
12 号串珠针
定位珠钳或珠宝用尖嘴钳
尖嘴剪刀
打火机

制作步骤

（1）制作花苞侧面

依据图纸 1-1 和图纸 1-2 制作花苞的侧面。

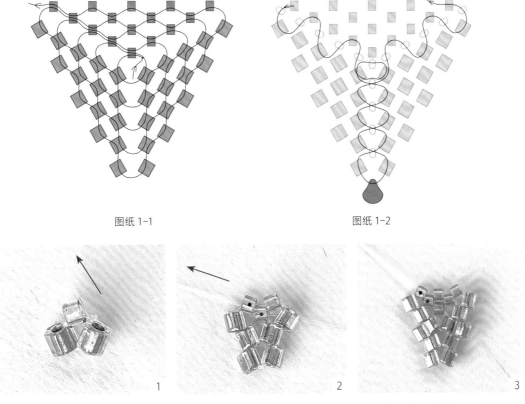

图纸 1-1   图纸 1-2

第1步　剪 1 根长约 130cm 的鱼线，留线尾 15cm 左右，串 1B、2A，线尾绕工作端鱼线打一个反手结，使 3 颗珠子成一圈。

第2步　过 B，然后串 1B、1A，过第 1 颗 A；串 2A，过第 2 颗 A；串 1A、1B，过第 1 颗和第 2 颗 B。

第3步　串 1B、1A，过第 2 圈第 1 颗 A；串 1A，过第 2 圈第 2 颗 A；串 2A，过第 2 圈第 3 颗 A；串 1A，过第 2 圈第 4 颗 A；串 1A、1B，过第 2 圈第 2 颗 B；串 1B，过第 2 圈、第 3 圈第 1 颗 B。

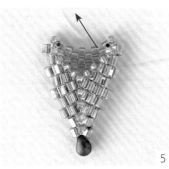

第4步
按以上规律加串 2 圈完成图纸 1-1。

第5步
依据图纸 1-2 用 C 珠填充 A、B 珠交界处，2 颗 A 珠的顶角加 1 颗 E。

（2）制作花苞顶部

在图纸1基础上，依据图纸2-1、图纸2-2制作花苞顶部（花瓣），并完成组件。

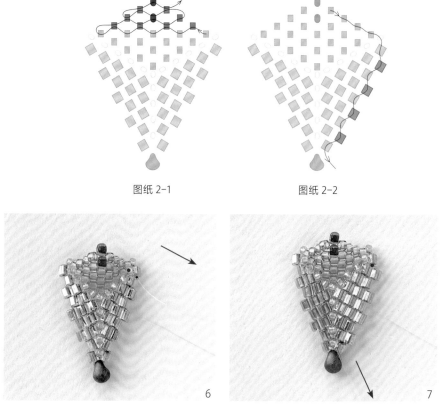

图纸 2-1　　　　　　　　　　图纸 2-2

第6步 依据图纸2-1用仙人掌针减针法完成花苞顶端蓝紫色部分（花瓣），然后将线引到一角的A珠上。

第7步 接着依据图纸2-2在侧面用仙人掌针串4颗A。这4颗A将用于缝合，多余的线留作缝合用，不要剪除（图7）。重复1~7步的操作，做24个相同的组件，每3个会组成一个花苞。

（3）拼合花苞

依据图纸3-1、图纸3-2，图纸4-1、图纸4-2将组件缝合成花苞。

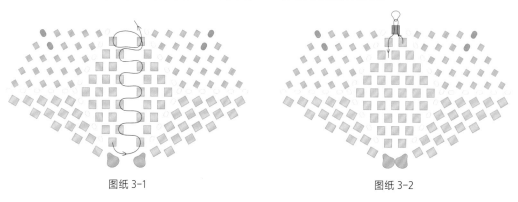

图纸 3-1　　　　　　　　　　图纸 3-2

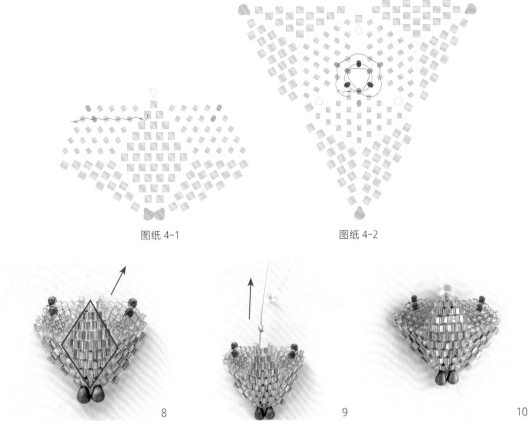

图纸 4-1   图纸 4-2

8   9   10

第8步   依据图纸 3-1，用仙人掌针法缝合组件 1 右侧和组件 2 左侧，此时 2 个组件中的 A 珠小三角合二为一成为 1 菱形花萼。

第9步   依据图纸 3-2 用花边针在菱形叶片顶端串 A、F 珠。

第10步   拉紧鱼线，形成一个顶角，打结收尾，剪除去多余的线。

11      12      13

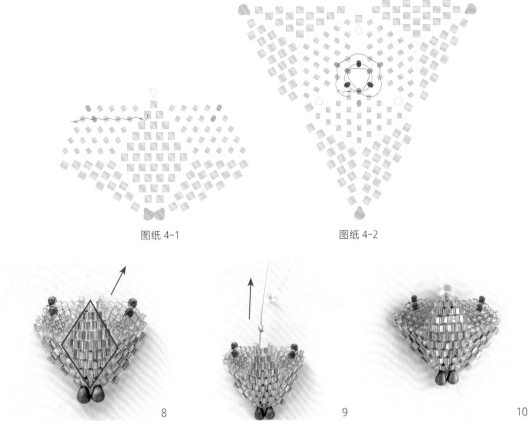

14   **第11步**   重复上述操作缝合组件 3，加顶角。

第12步   最后缝合组件 3 右侧和组件 1 左侧，加顶角，留着多余的线不要剪，用于缝合花苞顶端，依据图纸 4-1 把线引到花苞顶端。

第13步   轻轻把花瓣顶点朝里按压，使 3 个花瓣顶点靠在一起。

第14步   依据图纸 4-2 缝合花瓣，加 D 珠。

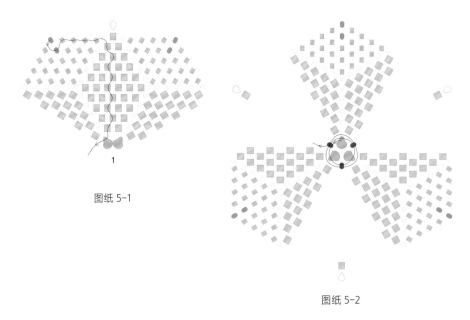

图纸 5-1

图纸 5-2

15-a

15-b

第15步

依据图纸 5-1 把线从花苞顶部引到花苞底部，依据图纸 5-2 加 G 珠，与 3 颗 E 串在一起（图 15-a）。然后将 3 颗 G 珠串在一起形成一圈，拉紧，使 3 颗 E 珠被顶到外圈（图 15-b）。打结收尾剪去多余的线，完成 1 个花苞。做同样的 8 个花苞，根据手链所需长度可以增减花苞数目。

（4）将花苞串成手链

16

17

18

第16步　剪一根适当长度的虎尾线，一般是手链长度 +15cm 左右。虎尾线串 1 颗定位珠，过 OT 扣 O 扣的小圈，线头回穿定位珠约 5cm。

第17步　把定位珠尽可能地拉到靠近 O 扣小圈的位置，用定位珠钳或尖嘴钳夹扁定位珠。

第18步　串入大孔铜方珠将定位珠隐藏到铜珠内部。

OT 扣

OT 扣是链扣的一种，由 O 扣和 T 扣组成。O 扣由一个大圈和一个小圈组成，像英文字母 O；T 扣由横杠和一个小圈组成，像英文字母 T。使用时 T 扣的横杠穿过 O 扣大圈就扣上了。O 扣和 T 扣上的小圈是用来连接项链的连接圈。

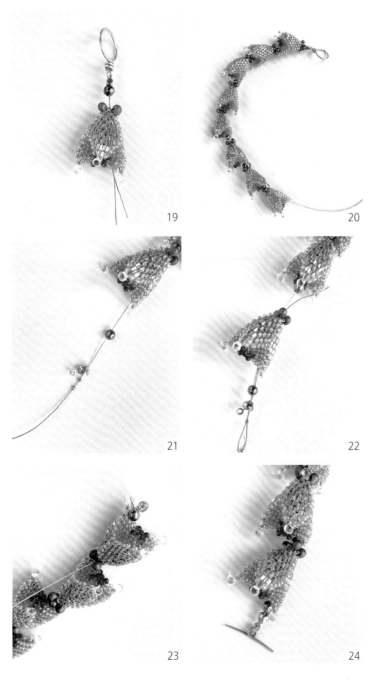

第19步

依次串 4mm 铜珠、花苞，注意线从花苞出来的位置为相邻 2 个蓝色花瓣之间的缝隙。

第20步

串入所有花苞，花苞之间用铜珠隔开。

第21步

串 1 颗铜珠、黄铜定位珠包扣、2 颗定位珠。

第22步

线回穿 1 颗定位珠、黄铜定位珠包扣、铜珠、花苞。

第23步

把线拉紧，用定位珠钳或尖嘴钳夹扁定位珠。

第24步

闭合定位珠包扣，将定位珠隐藏起来，用开口单圈在定位珠包扣上连接一个 T 扣，剪掉多余的线。完成。

第 2 节　鲱鱼骨针

1. 针法简介

这是一种常见于非洲部落的针法，每一针串入 2 颗并肩的珠子，由于线的拉力这 2 颗珠子会略微呈一个角度，使得每 2 列并肩的珠子看起来像鲱鱼骨一样，所以得名鲱鱼骨针。

鲱鱼骨针也是串珠中常用的一种针法，用鲱鱼骨针串长条形非常高效，串的过程中可以自由掌控线的松紧度，成品工整。和仙人掌针相比，鲱鱼骨针串的成品更容易朝不同方向弯折，由于这种特性，管形鲱鱼骨针是串绳形常用的针法，串的珠绳可以方便地弯曲造型。

鲱鱼骨针与仙人掌针的结合在几何形串珠中有很广泛的应用。

2. 针法步骤分解

鲱鱼骨针起针方法最简单的是使用梯针。"梯针"是因为珠子的排列像梯子而得名，梯针一般都不单独使用，所以不作为一种针法单独讲解。

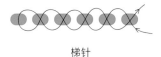

梯针

◎平面鲱鱼骨针

平面鲱鱼骨针在每一行结束掉头时线都是外露的，可以在拐弯处加 1 颗珠子把外露的线遮住，同时起到装饰的效果（图纸 1）。

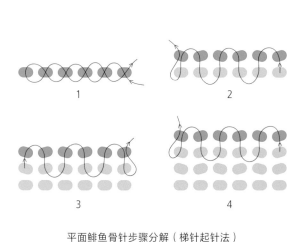

平面鲱鱼骨针步骤分解（梯针起针法）

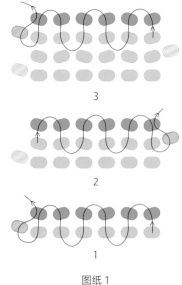

图纸 1

由梯针起针的长条形在需要首尾缝合的时候会有一条明显的分界线，有时会影响成品的美观度，可以采用以下这种无痕起针的方法。右图珠子上标注数字表示珠子串入次序。该方法单看图纸不太好理解，可依据图纸重复练习帮助掌握。

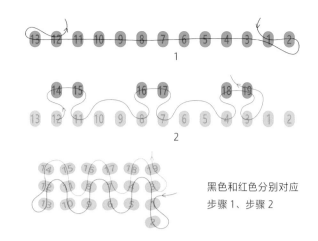

黑色和红色分别对应步骤1、步骤2

平面鲱鱼骨针无痕起针步骤分解

梯针起针的首尾缝合相对简单，直接把首行的珠子看成是最后一行的珠子加在需要缝合的长条末端即可，这里就不做分解了。

对应无痕起针法的是右图所示的无痕缝合法。这种缝合法难度较大，但是成品完全看不出缝合处，美观度较高。

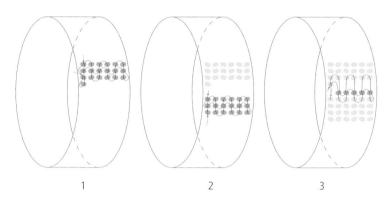

平面鲱鱼骨针无痕缝合步骤分解

◎ 管形鲱鱼骨针

除了上述平面鲱鱼骨针外，还有一种非常适合串绳形的管形鲱鱼骨针。由于管形鲱鱼骨针是一圈圈进行添加，不需要掉头，所以相比平面鲱鱼骨针反而更简单。起针后把线拉到位，鲱鱼骨针就自然成型了，然后逐圈添加就可以。

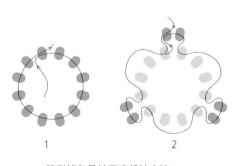

管形鲱鱼骨针无痕起针方法

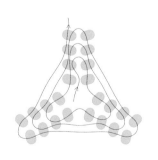

无痕起针的管形鲱鱼骨针

3. 应用案例 1: 流苏耳坠

流苏在各种串珠饰品中应用非常广泛。用鲱鱼骨针制作的流苏帽把珠串包裹得整整齐齐，这可不完全是流苏帽的功劳，里面还别有玄机。下面就教大家制作完美的串珠流苏。

注意：此教程鲱鱼骨针采用的梯针起针法，比较直观，更适合新手，但无法做出无缝缝合，需要做无缝缝合的流苏帽可以参考第 45 页的无痕起针和缝合法。

针法 鲱鱼骨针、梯针　　　　　　　　　　**难度** ★ ★ ☆ ☆ ☆

技能 鲱鱼骨针及其缝合、珠串排列整齐的方法

▶ 材料与工具

珠子

- MGB 2CUT11-548 透明薄荷绿（A）
- Toho 1.8x2mm 管 -1573 丝质蓝绿 AB（B）
- Miyuki DB11-163 实色绿 AB（C）
- Miyuki DB11-169 实色黄绿 AB（D）
- Miyuki DB11-877 实色磨砂绿 AB（E）
- Miyuki DB11-729 实色松石绿（F）
- Miyuki DB11-768 透明磨砂深海蓝（G）
- Miyuki DB11-164 实色松石蓝 AB（H）
- Miyuki RR15-295 透明蓝绿 AB（I）
- Miyuki RR15-291 透明蓝 AB（J）
- 未知品牌 2cut15- 灌银浅蓝（K）

- 6mmx10mm 瓷黄算盘珠（L）

- 6mm 透明浅蓝猫眼球珠（M）

其他

0.16mm 透明鱼线

2 股孔蓝高强涤纶线

0.5mmX25mm 球针

耳钩

12 号串珠针

珠宝圆嘴钳

珠宝剪钳（用于剪去球针多余部分）

尖嘴剪刀

制作步骤

（1）制作流苏

按照图纸1，先用梯针（参考本书第44页）串1个近似圆形（实际为正六边形）的流苏头。

图纸1

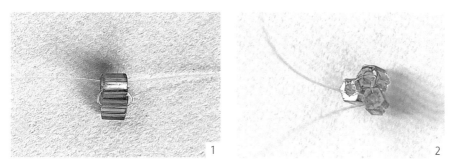

第1步 剪1根100cm长鱼线，留线尾约15cm，串2A，再过第1颗A，拉紧线使2颗A紧靠在一起。

第2步 再串1A，过第1颗A、第3颗A，再把第3颗A和第2颗A用梯针串一起（图2）。之后每加1颗A，都用梯针将它与相邻的2颗或者3颗A串在一起。

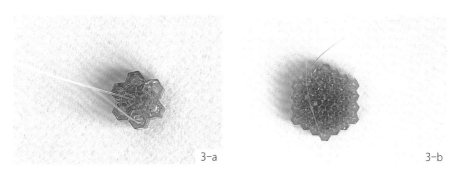

3-a　　　　　　　　　　　　　　　　　3-b

第3步 依据图纸1逐圈添加A（图3-a）；直至完成整个流苏头（图3-b）。鱼线打结收尾，线头线尾可以暂时留一小段鱼线，在收尾结被流苏线带进珠孔造成堵塞时，可以用这小段鱼线把结从珠孔拉出。

（2）添加流苏珠串

参考图纸2在流苏头上面串流苏珠串。

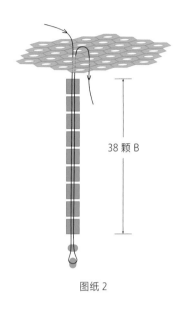

38 颗 B

图纸 2

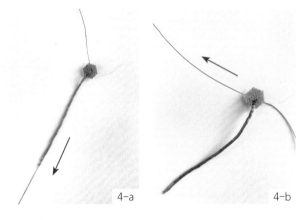

4-a

4-b

提示

串流苏适合用软垂且无伸缩性的涤纶线，另外用小孔珠子串流苏不容易错位，会比大孔珠子更整齐。

第4步

空出流苏头正中间的珠孔不添加，从它周围的任意1颗A开始逐圈从里往外添加珠串，此处用2股高强涤纶线串珠。第1次可以剪300cm长的涤纶线，然后把流苏头串到线的正中，把线分成150cm的两段，分两次从线的两端添加，这样可以减少1次补线的次数。每根线串38颗B，2颗I（图4-a）；回穿第1颗I和所有B，再回穿流苏头的A之后拉紧，掉头过相邻的1颗A（图4-b）；继续串下一根流苏。

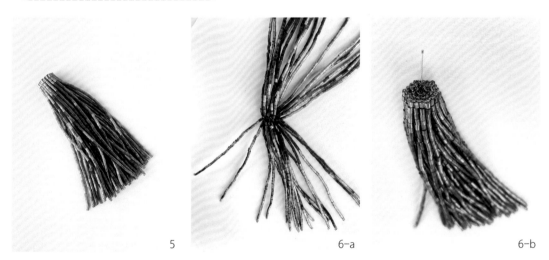

5

6-a

6-b

第5步 如果线不够了可以在流苏头的上端将新的线（一般剪150cm长，或者你觉得舒服的长度，过长不方便操作容易打结，过短会增加补线次数。）直接跟旧的线打结接在一起，注意打结时线头紧贴流苏头。重复操作直至除正中间的A之外其他所有A都加好1根珠串。打结收尾减去多余的线。

第6步 将球针从下到上穿过流苏头正中间的A（图6-a）；把球针拉到底（图6-b）。

（3）制作流苏帽

依据图纸3串鲱鱼骨针的长条。

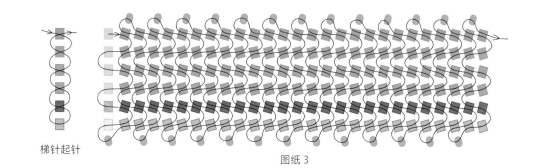

梯针起针

图纸3

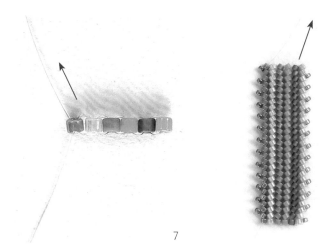

7

8

第7步

剪1根130cm长的鱼线，留线尾25cm，依次串C、D、E、F、G、H各1颗，回穿G、F、E、D、C，完成梯针起针。

第8步

以此6颗珠为基础串鲱鱼骨针26行，形成一个长条。步骤可参考第44页鲱鱼骨针走线，此处不再赘述。

（4）缝合流苏帽和流苏

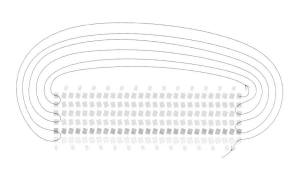

图纸4

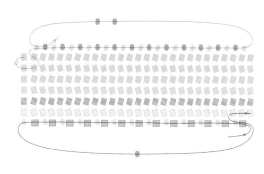

图纸5

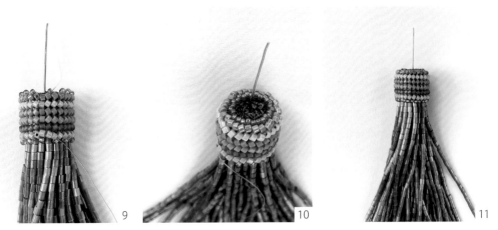

9　　10　　11

第9步　将上一步做好的长条包裹流苏顶端，并按图纸4首尾对接缝合。图中红点和蓝点分别对应图纸4中缝合的起止点。缝合时为了避免起针端线尾松动，可先把线尾打结固定（别剪掉）再缝合。

第10步　将起针的线尾穿上针，依据图纸5红色线部分用仙人掌针添加I珠，将I珠串成1圈，打结收尾剪掉多余的线。

第11步　再依据图纸5黑色线部分，在流苏帽底边的珠子用仙人掌针添加K珠，把K珠和J珠也串成1圈，打结收尾剪去多余线。

（5）组装

12

第12步

在球针上串入L、M珠，用圆嘴钳将球针紧贴M珠弯1个小圈，用剪钳剪去多余的部分（图12）。最后装上耳钩，完工。

变化不同细节可以做出
不同形态的串珠流苏。

4. 应用案例2：古埃及风格耳饰

以古埃及宽领项圈为灵感的古典风格耳饰，包镶的平底宝石作为耳钉主体，边缘用绿松石色、青金石色和黄金色的圆弧形宽边加以装饰。

针法　鲱鱼骨针为主、仙人掌针为辅　　　　　　**难度**　★ ★ ☆ ☆ ☆

技能　鲱鱼骨针包镶圆形平底宝石的方法，鲱鱼骨针针对混合尺寸珠子的应用

▶ 材料和工具

色彩方案1：青金石色

珠子

- ● Miyuki RR11-414 实色钴蓝（A）
- ● Toho RR15-43d 实色矢车菊蓝（B）
- ● Miyuki RR15-3 透明灌银金（C）
- ● Toho RR11-116 透明油光钴蓝（D）
- ■ Miyuki DB11-880 实色磨砂钴蓝 AB（E）
- ● Miyuki RR15-177 透明钴蓝 AB（F）
- ● 未知品牌 RR16 或 RR15 透明灌银浅宝蓝（G）
- ● Miyuki RR11-4202 金属质感金（H）
- ■ MGB 2CUT15-329 透明灌银金（I）
- 12mm 蓝色系平底水钻

色彩方案2：绿松石色

珠子

- ● Miyuki RR11-412 实色松石绿（A/H）
- ● Toho RR15-43d 实色矢车菊蓝（B）
- ● Miyuki RR15-261 透明蓝 AB（C1）
- ● Toho RR11-55 实色松石绿（D）
- ■ Miyuki DB11-177 透明孔蓝 AB（E）
- ● Miyuki RR15-412 实色松石绿（C2）
- ● Miyuki RR15-411 实色绿（F）
- ● Miyuki RR15-2458 透明蓝绿 AB（G）
- ● 未知品牌 RR16 或 RR15 透明灌银浅宝蓝（I）
- 12mm 蓝色系平底水钻

其他

12mm 金色平头耳钉、0.18mm 透明鱼线、11 号或 12 号串珠针、尖嘴剪刀

制作步骤　青金石色耳钉

（1）耳钉部分

依据图纸 1-1、图纸 1-2（或图纸 2 的红线部分，图纸 1-2 为图纸 2 的展开图）用鲱鱼骨针制作一个长条，将其首尾相连成环。

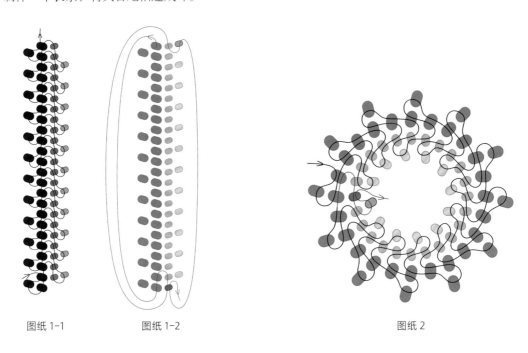

图纸 1-1　　　　　图纸 1-2　　　　　　　　　图纸 2

1　　　　　　　　　　　2　　　　　　　　　　　3

第1步　剪 1 根 80cm 长的鱼线，用 12 号串珠针，串 3A，线尾留约 20cm，回穿过第 1 颗 A，拉紧。

第2步　串 1A、2B、1C。

第3步　回穿第 1 颗 B。

第4步 串 1B、1A，回穿第 4 颗 A。

第5步 串 1A，回穿第 5 颗 A。

第6步 串 1A、1B，回穿第 3 颗 B。

第7步 串 1C，回穿第 4 颗 B。

第8步 串 1B、1A，回穿第 7 颗 A；串 1A，回穿第 8 颗 A。

第9步 重复步骤 6 至步骤 8，重复 9 次。

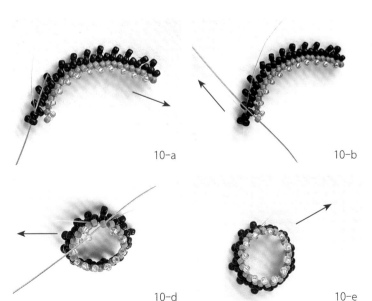

第10步

将做好的条形首尾相连，依次按图 10-a、图 10-b、图 10-c、图 10-d 串，得图 10-e 圆环（参考图纸 2 中红色走线）。

（2）镶嵌宝石、添加耳钉配件

依据图纸 3 对正面的包珠进行加固，然后将线引到圆环反面，再放入平底水钻及耳钉配件，
依据图纸 4 加 2 圈米珠固定。

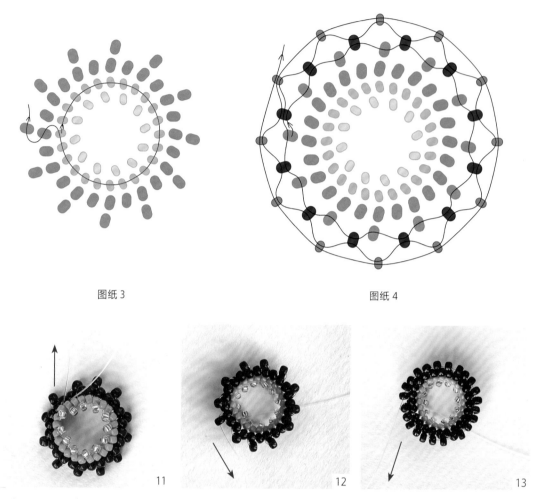

图纸 3

图纸 4

第11步 先照图纸 3 将线穿过所有 B 珠（注意这圈线的松紧程度要适中，拉得太紧可能导致圆环缩小
无法包住宝石），完成效果见图 11，可与图 10-e 对比圆环中心开口大小。

第12步 让线从 1 颗 A 中穿出。翻转圆环。

第13步 按照图纸 4，用仙人掌针加 1 整圈 A 共 12 颗。注意线要松一些，以便有足够大的开口放入宝石。

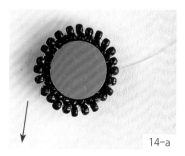

14-a

14-b

第14步

依 次 放 入 12mm 平 底 水 钻
（图 14-a）和 12mm 平头耳钉
（图 14-b）。

15 16

第15步

用手稳住平底水钻和平头耳钉，把线拉紧，这样外圈的圆珠 A 会将它们包裹住。依据图纸 4，用仙人掌针加 1 圈 G，共 12 颗，尽可能拉紧线，这样就能把宝石和耳钉牢牢固定住了。

第16步

根据需要可以将最后 1 圈珠子再过 1 遍线来加固，打结收尾，剪去多余的线。起针预留的 20cm 线先不要收尾，将用于最后组装。

（3）装饰宽边

依据图纸 5 ~ 图纸 7 串圆弧形装饰宽边。图纸 5 是鲱鱼骨针。图纸 6 是在弧形内圈用仙人掌针添加数圈至所需宽度。

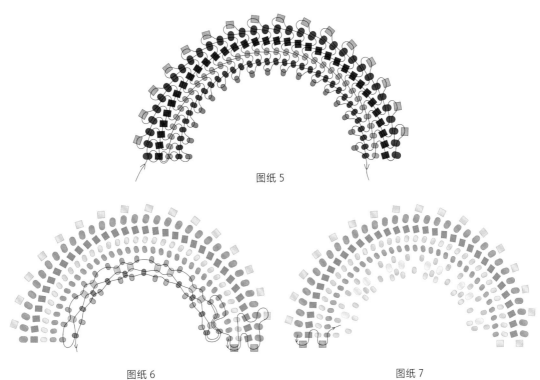

图纸 5

图纸 6   图纸 7

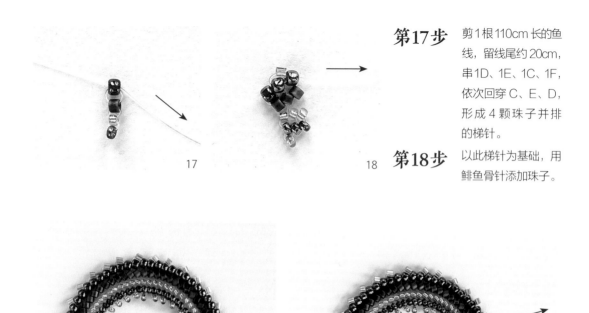

第17步 剪1根110cm长的鱼线,留线尾约20cm,串1D、1E、1C、1F,依次回穿C、E、D,形成4颗珠子并排的梯针。

第18步 以此梯针为基础,用鲱鱼骨针添加珠子。

17

18

19

20

第19步 重复进行,可以发现不同尺寸的珠子并排串会逐渐自动弯曲,直至完成图19的弧形长条。

第20步 接下来依据图纸6增加宽度。先在弧形末端加2颗I封口。

21-a

21-b

21-c

21-d

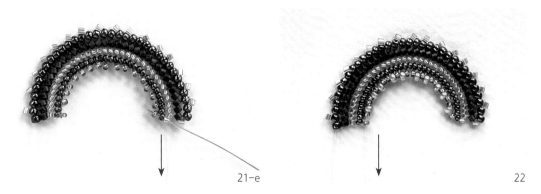

21-e

22

第21步 过数颗珠子，将线引到1颗G，并从中穿出（参考图纸6相应部位走线，图21-a～图21-e）。

第22步 用仙人掌针加1圈H，其中第2、5、8、11、14、16针空出不加。

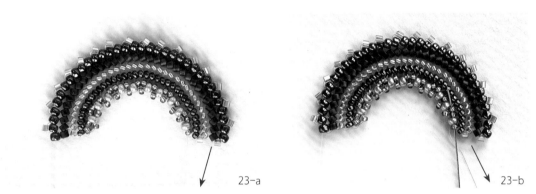

23-a

23-b

第23步 将针转向，加1圈G，图23-a，图23-b。

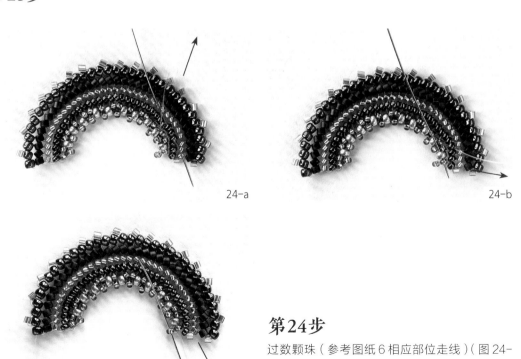

24-a

24-b

24-c

第24步

过数颗珠（参考图纸6相应部位走线）（图24-a～图24-c）再次转向。

25

26

第25步 加1圈C。

第26步 打结收尾剪去多余的线，再把针穿到预留的另一端线上，依据图纸7在起始端同样加2颗I封口，打结收尾剪去多余的线，装饰弧形宽边完成。

（4）组装

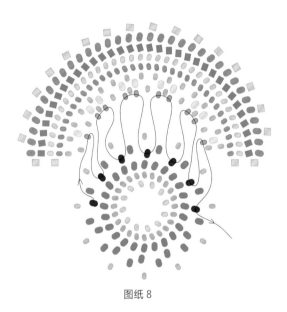

图纸8

27

第27步

把针穿到步骤（2）耳钉预留的线上面，将其引到图8起点珠子上。依据图纸8，用仙人掌针把将耳钉外圈的A和装饰弧形内圈的C缝合（图27）。打结收尾完工！

绿松石色耳钉制作方法与青金石色一致，替换以下配色方案（图纸9）的珠子即可。

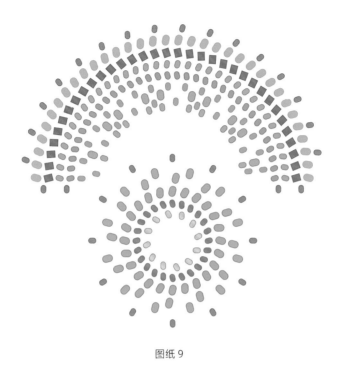

图纸 9

第 3 节　方针

1. 针法简介

　　关于方针的起源，本人并未找到相关的资料，但相信其历史悠久，因为方针是直接把珠子一颗颗缝到其他的珠子上面，看起来是一种很容易就能想出来的针法。在珠绣里，把珠子一行行缝到布料上时也常用到这种针法。

　　跟其他针法相比，方针的技巧性较低，加减针非常灵活，缺点是线过珠孔的次数比较多，所以串起来比较慢，线还容易把珠孔填满。

　　用方针制作平面图案的原理与十字绣一样，成品跟布料一样柔软，所以方针用来制作平面图案居多。因为平面方针串法相对简单，大家按右边步骤分解图练习即可，这里不做过多讲解。下面用两个案例教大家使用方针串立体构造。

2. 针法步骤分解

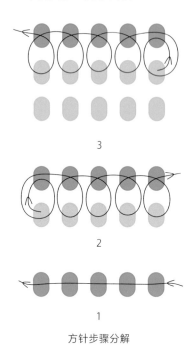

方针步骤分解

3. 应用案例 1：方形戒指

　　这是一款简单大方的几何形戒指，管珠和圆珠用方针针法组合成戒圈，上面加简单的直角编织（见本书第 79 页）装饰，双层结构不仅具有装饰性还具有功能性，使方针串的柔软戒圈有足够的硬度，能方便佩戴。

针法　方针、直角编织、仙人掌针　　　　　**难度**　★★☆☆☆

技能　方针的进阶，不同针法的无痕衔接

▶ 材料和工具

珠子

— ◖ Miyuki RR15-574 蛋白灌银粉紫（A）

— ◖ Miyuki RR15-352 透明染心紫红（B）

— ▬ 未知品牌 1.9mm×4.5mm 管 金属质感紫 AB（C）

其他

0.16mm 透明鱼线
12 号串珠针
尖嘴剪刀

制作步骤

（1）戒指主体

依据图纸 1 完成戒指主体。

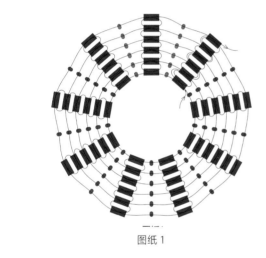

图纸 1

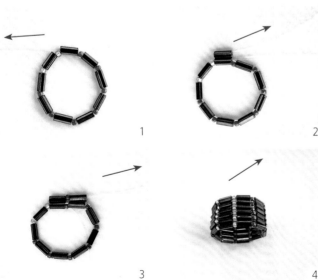

1

2

3

4

第1步

剪 1 根长 170cm 的鱼线，留 15cm 左右线尾，依据图纸 1，用方针编织管形的戒圈，依据图纸顺序和数量串 A、B、C 珠（可根据手指粗细增加或减少 B、C 珠数量来改变戒圈大小），再次串过第 1 颗 C，线尾绕第 1 颗和最后 1 颗珠子间的鱼线打 1 个反手结，形成 1 个圆环。

第2步

以步骤 1 穿好的第 1 圈为基础，往上叠加。串 1C，过第 1 圈的 C，再次过本圈的 C。

第3步

继续串 1B、1C，过第 1 圈挨着的 C，再次过本圈第 2 颗 C。

第4步

按此规律，完成 6 圈，线从 1 颗 C 穿出。

（2）添加装饰

依据图纸2在戒圈上加装饰条。

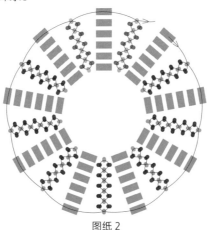

图纸2

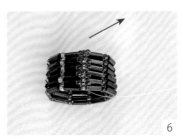

第5步 过下1颗B，串1B；继续过上圈对应的B，串1B……按此规律过完所有对应的B，一共加串5颗B。

第6步 串1B，回穿下1圈对应的B，以此规律直至串回至第6圈的B。（步骤5、步骤6即为直角编织针法的一种。）

第7步 过下1颗C、B，用步骤5和步骤6的方法在下1组B上面完成1组直角编织，以此类推，直至完成所有B和A上面的直角编织。

（3）添加戒面

依据图纸3用仙人掌针把相邻两组装饰条连接起来形成方块形的戒面。

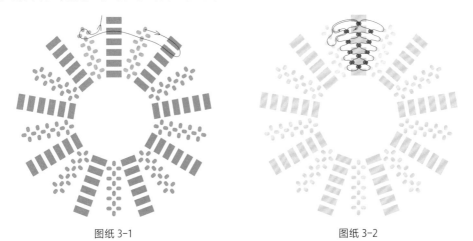

图纸3-1   图纸3-2

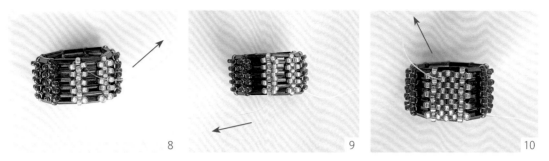

8　　　9　　　10

第8步　戒面是直角编织与仙人掌针结合完成的一个小方块。先依据图纸3-1把工作端头线头引到仙人掌针起始点的A上。

第9步　依据图纸3-2，先完成第1排仙人掌针。

第10步　继续依据图纸3-2串仙人掌针，注意这里是奇数仙人掌针（参考本书第24页），所以在完成第2排后做了1个转向。串完3排仙人掌针后与对面直角编织的A珠缝合在一起。打结完成（图10）。剪去线头收尾。

　　以下戒指均为相同针法制作，区别只在于珠子种类和数量的不同，大家可以尝试不同思路，串出更多不同的样式。

4. 应用案例 2：三叶草胸针

　　用方针将两种尺寸的米珠串出三叶草叶片的内外轮廓，并通过加减珠子来改变线条的弯曲方向。同样的串法也可以用来串简易的小爱心。

针法　方针　　　　　　　　　　　　　　　　　　　　　　**难度**　★ ★ ☆ ☆ ☆

技能　立体结构的方针，方针的变形（不同尺寸珠子的组合，加减珠子）

▶ **材料和工具**

珠子

Toho RR11-42B 实色深黄（A）

Miyuki RR15-8 透明灌银橙（B）

Miyuki　RR15-422d 实色高光深黄（C）

Miyuki DP3.4-138FR 透明磨砂橙 AB（D）

Miyuki RR15-252 透明黄 AB（E）

2mmX20mm 管　透明黄　F

其他

胸针配件

0.16mm 透明鱼线

12 号串珠针

尖嘴剪刀

<h1 style="text-align:center">制作步骤</h1>

（1）单个心形叶片

依据图纸 1 ~ 图纸 5 完成 3 个心形叶片。

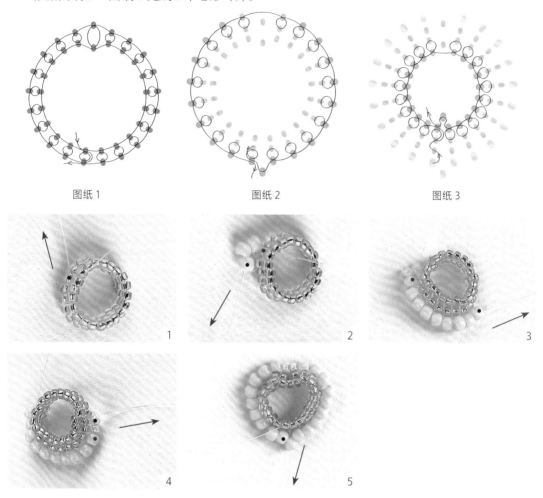

图纸 1　　　　　　　　　　图纸 2　　　　　　　　　　图纸 3

第1步　依据图纸 1 完成图 1 圆环。剪 1 根长 120cm 的鱼线，留线尾 15cm 左右，串 21B，再次过第 1 颗 B，线尾绕第 1 颗 B 和第 21 颗 B 之间的鱼线打 1 个反手结，使 21 颗 B 成圆环。串 1B，过第 1B，再次过新串这颗（即第 2 圈的第 1 颗 B）；串 1B，过第 1 圈第 2 颗 B，再次过第 2 圈第 2 颗 B，以此规律串方针，加完第 2 圈 21 颗 B，线过第 2 圈第 1 颗 B，圆环完成。

第2步　依据图纸 2，用方针添加 A、C，串第 3 圈珠子，方法大致同第 2 圈，不同之处是：第 2 针串 2 颗 A 过上圈对应的 B，跳过本针串的第 1 颗，再过本针串的第 2 颗 A，多加的这颗 A 就会成为心形的尖尖。

第3步　继续用方针加 A，直至加完第 10 针，即第 11 颗 A。

第4步　第 11 针加 1C，第 12 针加 1C，但是这 1 针是加在上 1 圈的对应 B 珠的下 1 颗 B 珠上面，拉紧之后跳过的这颗 B 会被向下挤压成为心形的凹陷处。

第5步　继续用常规方针加完本圈的 A，线从本圈第 1 颗 A 穿出，心形初见雏形。

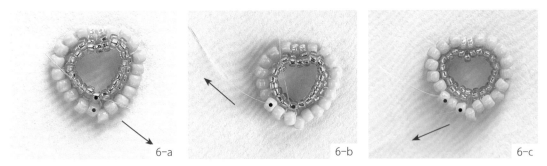

6-a   6-b   6-c

第6步 依据图纸3，先过2颗B，把线引到第1圈B珠上面（图6-a）。然后按与第3圈相同的规律，在第3圈上面使用A、C珠串第4圈（图6-b，图6-c）。

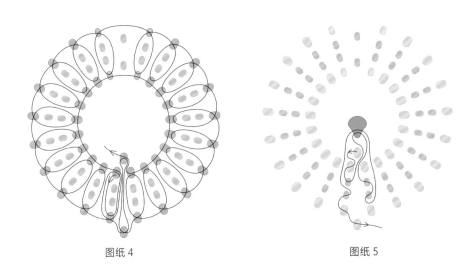

图纸4   图纸5

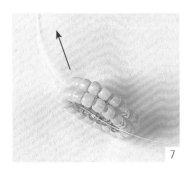

7

第7步

依据图纸4，把第3圈和第4圈对应的A、C珠用方针——缝合在一起。

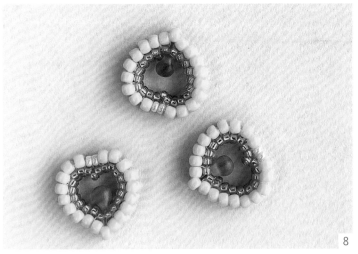

8

第8步

依据图纸5，在第1圈、第2圈的各2颗B珠上面加水滴珠D完成第1枚叶片。用相同方法再串2枚叶片，其中1枚工作端线头留着用于组装，其余两枚线头线尾全部打结并剪掉多余的部分。

（2）组装叶片

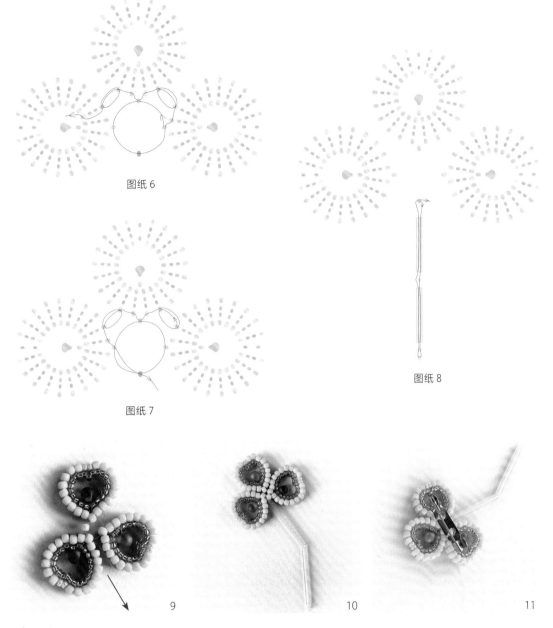

图纸 6

图纸 7

图纸 8

9

10

11

第9步

依据图纸6，把3个心形尖端的3颗珠子和1颗A串一起（图9）。再将相邻2枚叶片挨着的1对A串在一起，再翻转过来依据图纸7串另1面。

第10步

最后依据图纸8用E、F珠串叶柄，注意叶柄加在正反两面的A珠上面，图纸只画出了正面，加完正面后把线串到这颗A珠下面对应的A珠，按完全相同的路径把叶柄的珠子再过1遍，打结，剪掉多余的线。

第11步

在合适的位置订上胸针配件（图11），收尾完工。

第 4 节 砖针

1. 针法简介

砖针的串法有点像砌墙的时候添加砖块，所以得名砖针。与仙人掌针一样，砖针也是美洲原住民常用的一种串珠针法。砖针的成品外观和仙人掌针非常相似，只不过加珠子的方向与仙人掌针不同，看上去像是从侧面加珠子的仙人掌针。

由于砖针这种特性，在不方便用仙人掌针时可以用砖针代替，比如可以在偶数仙人掌针的基础上加 1 行砖针形成奇数的仙人掌针（参考本书第 25 页）。另外，用砖针串逐行递增或递减的形状比仙人掌针方便，并且平整、无痕，比如三角形、梯形、平行四边形等。

砖针是一种比较特殊的针法，因为是直接通过线与线之间的相互牵引形成的，所以添加珠子的位置相比其他针法更加灵活，一些仙人掌针无法完成的形态，用砖针可以轻松完成。但也因为这一点，它比那些直接过珠孔的常规针法难串，对线的强度要求更高，对线的松紧容忍度低，而且珠孔容易被线堵塞，因为这些问题，砖针的应用范围不如仙人掌针广泛。

2. 针法步骤分解

◎ **基础砖针**

跟鲱鱼骨针一样，砖针也是由梯针起针。

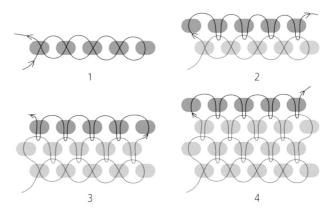

砖针步骤分解

◎ **递增 / 递减砖针**

砖针最突出的优点是可以非常方便平整地串逐行递增或递减的图形。右图是逐行递增的砖针步骤分解，原理是将基础砖针的每行最后 1 针重复 1 次。

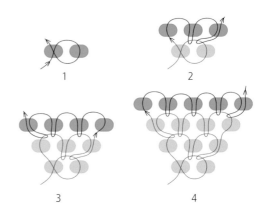

递增砖针步骤分解

逐行递减的砖针，原理是将每行的第1针加到第2段线上，即上一行第2颗、第3颗珠子间的线上（基础砖针是加在第1段线，即上一行第1颗、第2颗珠子间的线上）。然后把这一针的2颗珠子圈到一起再按基础砖针完成剩余的部分。

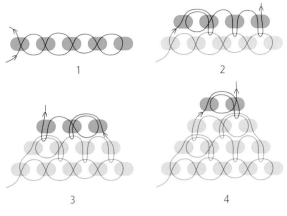

递减砖针步骤分解

◎**管形砖针**

管形砖针是由一圈首尾相连的梯针起针，然后逐圈添加珠子的串珠方法。管形砖针每圈的最后一针是过本圈第1颗珠子串砖针。

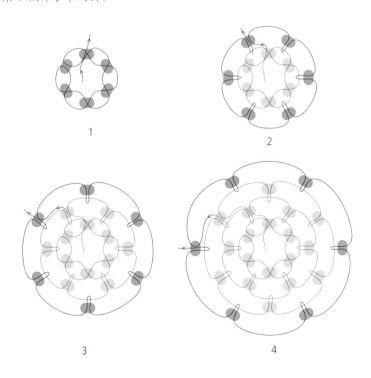

管形砖针步骤分解

3. 应用案例 1：松果菊

松果菊的英文是 coneflower，因为花蕊看起来像松果而得名。cone 有松果的意思，但基础含义是圆锥体。本设计使用砖针来制作圆锥体的花蕊，很好地利用了砖针的特点。如果想做一个看上去更大更饱满的松果，可以适当增加圆锥体各圈珠子的数量。

针法　砖针、仙人掌针等　　　　**难度**　★ ★ ☆ ☆ ☆
技能　管形砖针的减针方法

▶ 材料和工具

珠子

2.5mm 捷克火磨珠 实色奶黄（A）
Miyuki RR11-3325 实色奶黄（B）
Miyuki RR15-4203 耐磨金属质感金（C）
MGB 2CUT11-54 透明灌银棕（D）
未知品牌 RR11 磨砂棕灰 AB（E）
国产 2mm×4.5mm 管 磨砂棕（F）

9mmX26mm 琉璃花瓣　浅灰　G

其他

0.18mm 透明鱼线
圆头 T 针
耳钩
11/12 号串珠针
珠宝圆嘴钳

制作步骤

（1）制作 "松果"（花蕊）

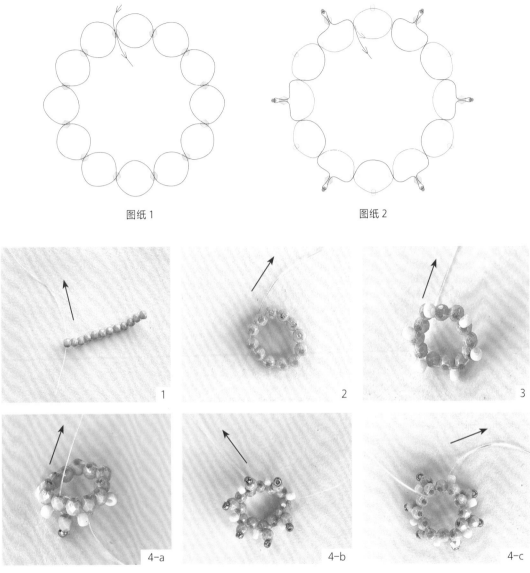

图纸 1　　　　　　　　　　　图纸 2

1　　2　　3

4-a　　4-b　　4-c

第1步 依据图纸 1，以梯针起针。剪 1 根 150cm 左右的鱼线，留线尾约 60cm，串 12A，依次回穿第 11 至第 1 颗 A。

第2步 把第 12 颗 A 和第 1 颗 A 串一起，使所有珠子连成 1 梯针环（梯针首尾相连形成的环）（图 2），线尾绕第 12 颗和第 1 颗 A 之间的鱼线打一个反手结固定。

第3步 依据图纸 2 红线部分，过 1 颗 A；串 1 B；顺次过 2 颗 A；串 1 B，再过 2 颗 A……重复加满 6 颗 B。

第4步 依据图纸 2 黑线部分，用 A、C 组合串花边针（参考本书 35 页），过 1 颗 A，串 1 A、1 C，回穿本颗 A，过上颗 A（图 4-a）；过边上一颗 A，继续串 A、C 花边针……重复直至加满 6 组 A、C 珠组合（图 4-b 为仰视图，图 4-c 为俯视图）。

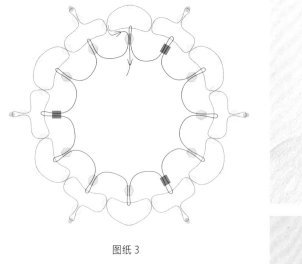

图纸 3

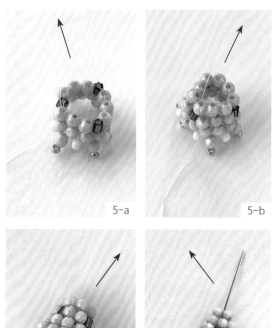

5-a

5-b

5-c

5-d

第5步

依据图纸 3、图纸 4 串环形递减砖针，先串 4 圈（图 5-a~ 图 5-c），第 5 圈封口之前放入 T 针（图 5-d）。打结收尾剪去多余的线。用圆嘴钳将 T 针顶端弯 1 个小圈，用于加耳钩。

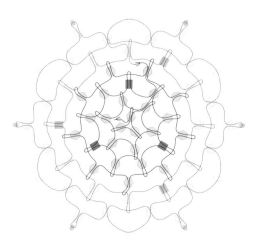

图纸 4

（2）添加花瓣、花托和花柄

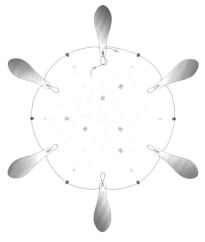

图纸 5

图纸 6

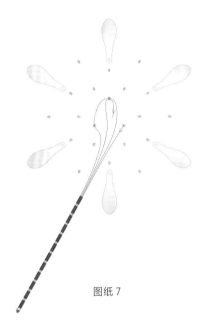

图纸 7

6-a

6-b

7

8

9

第6步 在起针时预留的另一端线上穿上针，依据图纸 5 在 B 珠上面添加花瓣 G，每片花瓣之间以 E 珠相连（图 6-a、图 6-b 为不同角度的样子）。

第7步 依据图纸 6，在花的底部用仙人掌针串花托。

第8步 依据图纸 7 串 F、E 珠作为花柄。

第9步 装上耳钩，完成。

4. 应用案例 2：大地色指环

大自然的色彩永远不会出错。本案例橙灰配色的指环，橙红色系源于赭土，灰色系源于岩石。九月依旧炎热，红土地和石灰岩的南方丘陵却已开始散发秋季的大地气息。这个设计非常好地利用了砖针不可取代的优点，即可以将不同尺寸和形状的珠子整齐地串到一起。这是一个开放的教程，大家可以使用和案例中完全不一样的各种零散珠子完成作品。

针法	砖针	难度	★ ★ ★ ☆ ☆

技能 砖针的进阶，砖针的加减针

▶ 材料和工具

珠子

- Miyuki DP3.4-138 透明橙（A1）
- Miyuki DP3.4-138FR 透明磨砂橙 AB（A2）
- Miyuki DP3.4-405FR 实色磨砂橙 AB（A3）
- Miyuki DP2.8-458 金属质感深棕 AB（A4）
- 3mm 国产枣形切面珠 透明红棕（B1）
- 3mm 捷克火磨珠 透明浅灰（B2）
- 2.5mm 捷克火磨珠 哑光橙红带金（B3）
- 3mm 切面球珠 透明蓝灰（C1）
- 2mm 猫眼球珠 深灰（C2）
- 2mm 猫眼球珠 深蓝灰（C3）

- 未知品牌 RR6 金属质感灰（D1）
- 未知品牌 RR8 透明灌银蓝灰（D2）
- 未知品牌 RR10 实色橙红（D3）
- Miyuki RR11-385 透明黄内染橙（D4）
- Miyuki RR11-405 实色橙黄（D5）
- 未知品牌 RR11 实色磨砂灰 AB（D6）
- Miyuki RR11-2378 玉石质感灰（D7）
- 未知品牌 RR11 金属质感深蓝（D8）
- 未知品牌 RR11 金属质感棕（D9）
- Toho RR11-150 玉石奶油浅灰（D10）
- Toho RR15-111 透明橙（D11）
- 未知品牌 RR15 金属质感深蓝（D12）
- 未知品牌 RR16 透明灌银蓝灰（D13）

- Miyuki DB6/DBL-144 透明灌银棕（E1）
- 高产超优古董珠 2.5mm 金属质感灰（E2）
- Miyuki DB8/DBM-161 实色橙红 AB（E3）
- Miyuki DB11-1286 透明磨砂浅橙 AB（E4）
- Miyuki DB11-168 实色灰（E5）
- Miyuki DB11-863 透明磨砂灰 AB（E6）
- Miyuki DB11-7 金属质感深棕 AB（E7）
- Miyuki DB15/DBS-855 透明磨砂橙 AB（E8）
- MGB 2CUT11-536 透明橙 AB（F1）
- Miyuki 2CUT11-552 蛋白灌银橙（F2）
- Miyuki 2CUT11-580 蛋白灌银橙偏白（F3）
- MGB 2CUT11-56 透明灌银橙（F4）
- Miyuki 2CUT11-2440 透明灰 AB（F5）
- MGB 2CUT11-54 灌银棕（F6）
- 未知品牌 2CUT11 金属质感棕（F7）
- Miyuki TW2-379 透明染心棕 AB（F8）

其他

6 磅强度火线（深灰色）、12 号串珠针、尖嘴剪刀、打火机

制作步骤

（1）串长条形

先依据图纸1将珠子用砖针串成长条形。

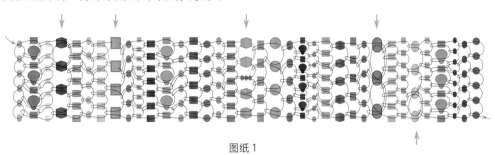

图纸1

> **提示**
>
> 　　如果完全按图纸1串珠，能得到约6.5cm长的条形，这个长度比普通人手指尺寸大，可以根据具体情况适当地减少珠子行数。
>
> 　　另外，串珠的松紧程度非常重要，线不要拉得太紧，否则完成的条形硬度过大，很难弯曲成环。
>
> 　　尽量使用火线或者大力马线，砖针对线的耐磨度要求相对较高，特别是用到边缘比较锋利的珠子时，尤其要注意。

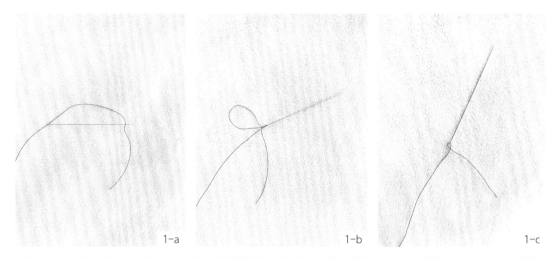

1-a　　　　　　　　　　　　1-b　　　　　　　　　　　　1-c

第1步　剪约180cm长的灰色火线，针穿到火线上约10cm处，把针扎入离线末端约5cm处，穿过线孔，把针固定到位使线不会从针孔滑出，这种固定针线的方法本人称为"劈线法"，参考本书第22页。

> **提示**
>
> 　　使用砖针时，不建议使用烧结的方法来防止线滑脱，因为结会阻碍线从线下穿过的操作。

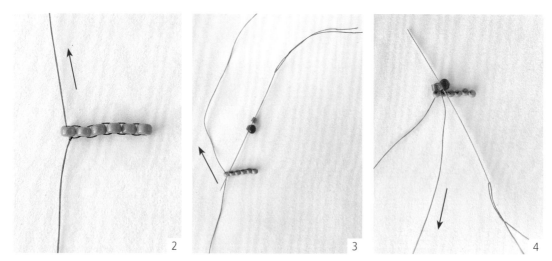

2

3

4

第2步 留线尾约 15cm，串 6 颗 D5，依次回穿第 5 颗至第 1 颗 D5，把线尾绕第 1 颗、第 2 颗 D5 之间的线打个反手结。

第3步 串 F1、A1 各 1 颗，针穿过第 1 颗、第 2 颗 D5 之间的线下方。

第4步 线回穿 A1（图 4），把线拉到位。

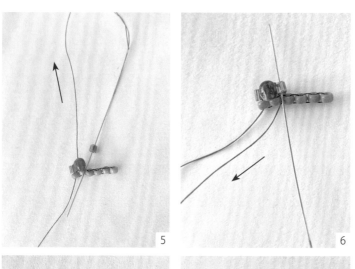

5

6

第5步

串 1 颗 F1，过第 2 颗、第 3 颗 D5 之间的线下方。

第6步

回穿 F1（图 6），把线拉到位。

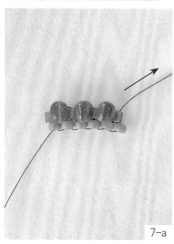

7-a

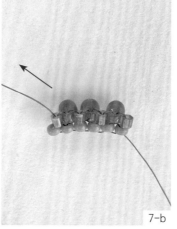

7-b

第7步

串 1 颗 A1，过第 3 颗、第 4 颗 D5 之间的线下方，回穿这颗 A1，把线拉到位；串 1 颗 F1，注意，此处针仍然通过第 3、4 颗 D5 之间的线下，回穿。注意要把水滴珠的大头全部朝正面，线拉到位；串 1 颗 A1，过第 4 颗、第 5 颗 D5 之间的线下，回穿，拉线到位；串 1 颗 F1，过第 5 颗、第 6 颗 D5 之间的线下，回穿，线拉到位，这样就完成了第 1 行砖针（图 7-a 为正面，图 7-b 为反面）。

以下是本案例制作的要点，建议大家认真阅读，理解透彻，即可举一反三。

步骤7中红字部分，和基础的砖针每2颗珠子之间的线下面加一针（即过1次线）不同，在第3颗、第4颗珠子间的线下，过了2次线（加了2针）。这样做的原因是这一行的珠子直径（水滴珠则按珠孔一端的大小）比上一行珠子小，为了使两行珠子宽度达到大致相同，在这里进行了"加珠子（加针）"的操作。

同理，当把相对大的珠子加在相对小的一行珠子上时，就要进行"减珠子（减针）"的操作，甚至会出现连续多颗珠子之间的线上一针也不加的情况。至于跳过哪一段线，要视具体情况而定，原则是：尽量把珠子加到它正下方或者靠近它正下方的线上。在图纸1绿色箭头标注处，由于要加的珠子比上一行珠子大许多，在第1段线上就要进行减针，即把第1针加到第2段线（即第2颗、第3颗珠子间，而不是第1颗、第2颗珠子间的线）上。这种发生在第1段线上的减针，需要在回穿第2颗珠子之后再把这2颗加的珠子过一遍才能使它们平整排列，参考本书69页"递减砖针步骤分解"每1行的第1针。

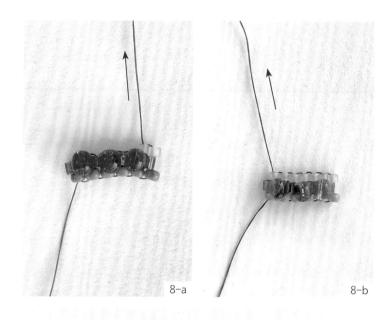

8-a   8-b

第8步

从图纸1可以看到在加第2行的时候不需要加减针，所以按基础砖针每段线上加1针完成第2行即可。

第9步

第3行有2次减针，第4行有3次加针……参考图纸完成整个条形。

9

（2）把条形首尾缝合成环形

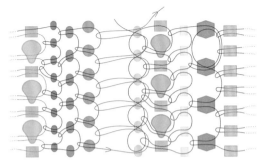

图纸 2

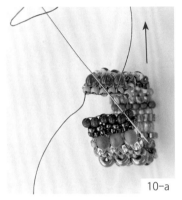

10-a

10-b

第10步

依据图纸 2 红线，缝合条形首尾。过 2 颗 D5，过对应的 C3 之间的线下（图 10-a），回穿第 2 颗 D5，拉线到位，过下颗 D5，过对应的 C3 之间的线，回穿，拉线到位……重复以上操作把余下的 D5 全部用砖针加到 C3 之间的线上（图 10-b）。

（3）加固

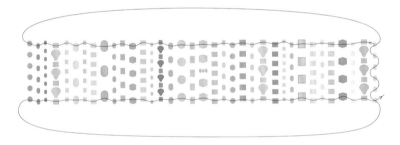

图纸 3

11

第11步

依据图纸 3，将每行边缘的珠子过一遍线加固。两个线头打结收尾，剪去多余部分，烧结，完成。

可以同样方法串出不同尺寸的条形，做成手环、项圈等，大家可以大胆尝试不同的珠子和配色。

第 5 节　直角编织

1. 针法简介

直角编织是以串成一圈的 4 颗珠子为最小组成单元的一种针法。因为这 4 颗珠子之间互成直角，所以得名直角编织。直角编织非常适合制作各种直角的形状和结构，同时由于直角编织的成品结构非常柔软易造型，所以用这种针法串直角结构的各种变形也非常顺手。

2. 针法步骤分解

◎平面直角编织

平面直角编织早期多使用双针双向编织，这种编织方法看起来很直观，成品也很工整，但需要同时使用两根针从两个不同方向串线，操作起来相对比较麻烦（下左图）。

后来有了改进的单针单向直角编织，操作比双针双向方便，但这种串法珠子之间的牵引力不均衡，每个小单元不能呈现标准的十字形，所以成品看起来没那么整齐（下右图）。

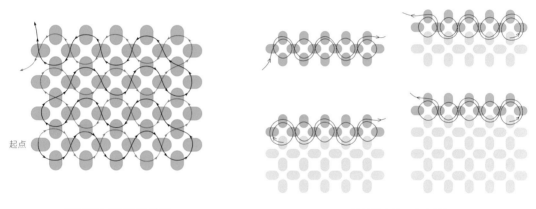

双针双向平面直角编织　　　　　　　　　　　单针单向平面直角编织

为了改善这种情况，某些时候可以根据需要把线回穿一次以平衡珠子之间的拉力，下图的红线为回穿路径。

平面直角编织相对前面介绍的 4 种针法，由于珠子与珠子之间距离较远，成品也更疏松、更柔软，并能自由地朝各个方向弯折，可以像布料一样制作褶皱或者用于覆盖不规则形状的表面。

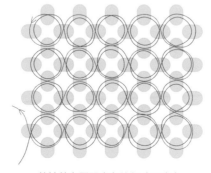

单针单向平面直角编织（回穿）

◎立方直角编织

平面直角编织朝三维发展就有了立方直角编织，因组成单元是一个个小立方体而得名。下图小立方体单元的 6 个正方形侧面是 6 个珠圈，每个珠圈由 4 颗珠子串成一圈组成，每颗珠子对应的是正方形 / 立方体的一条边。

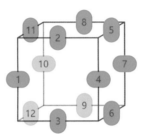

立方直角编织结构
（图中数字只用作标识，与珠子添加次序无关）

下图是双针双向直角编织针法制作的立方体单元，对照上图珠子编号，可以更清楚地了解珠子所处位置。

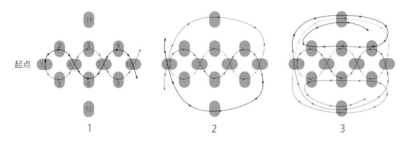

双针双向立方直角编织步骤分解
（图中数字只用作标识，与珠子添加次序无关）

下左图是单针单向直角编织针法制作的立方体单元，和平面针法不同的是，由于 6 个面之间有足够平衡的作用力，立体针法无需回穿也能得到足够工整的成品。

◎立方直角编织单元的添加方法

下右图中左右两个立方体共用了编号为 4、5、6、7 这 4 颗珠子组成的面。立方体 6 个面中任意一个面都可以添加下一个单元，因此立方直角编织是非常灵活多变的一种针法，在立体造型中能创造无穷的可能性。

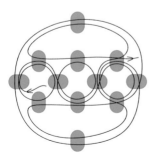

单向立方直角编织

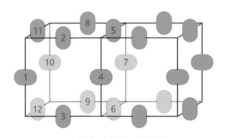

立方直角编织单元的添加
（图中数字只用作标识，与珠子添加次序无关）

3. 应用案例 1：虞美人

虞美人的两层花瓣看似复杂，其实是连在一起的一整块平面直角编织"面料"，这个设计很好地利用了平面直角编织成品柔软易弯折的特点，将它像处理布料那样打褶缝合成型制作花瓣。这种制作花瓣的方法可以省略起针、收尾、组装等很多操作。

针法　平面直角编织、方针

技能　平面直角编织加减针法，打褶缝合法

难度　★ ★ ☆ ☆ ☆

▶ 材料和工具

黄色虞美人珠子

- 未知品牌 RR11 透明黄 AB（A）
- 未知品牌 RR11 奶油薄荷绿（B）
- Miyuki RR15-252 透明黄 AB（C）
- Miyuki RR15-422d 实色高光深黄（D）
- 国产超优古董珠 2mm 透明染心肉粉 AB（E）
- Miyuki TW2-2831 丝质螺旋肉粉（F）
- 3mmx4mm 国产猫眼米珠 肉粉（G）
- 2.5mm 切面水晶珠 透明浅绿（H）
- 4mm 切面水晶珠 透明绿（I）

紫色虞美人珠子

- Preciosa RR11 透明染心粉紫（A）
- Preciosa RR11 透明灌银紫（B/E）
- Miyuki RR15-574 蛋白灌银粉紫（C）
- Miyuki RR15-3539 透明华彩染心深蓝紫 AB（D）
- MGB 2CUT11-539 透明紫 AB（F）
- 3x4mm 国产猫眼米珠 浅紫（G）
- 2.5mm 切面水晶珠 透明浅绿（H）
- 4mm 切面水晶珠 透明绿（I）

其他

1.6mm 透明鱼线、12 号串珠针、24 Ga.（直径 0.5mm）黄铜线、珠宝圆嘴钳、剪刀

（1）制作花瓣

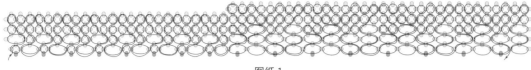

图纸 1

图纸 2

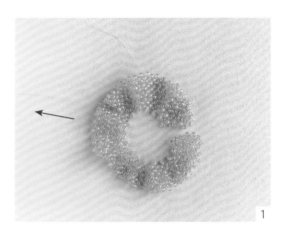

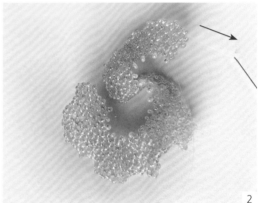

第1步 剪 1 根长约 150cm 的透明鱼线，留 30cm 左右线尾。串 3 A、1 B，再次过第 1 颗 A，使 4 颗珠子成 1 圈，线尾绕第 1 颗 A 和 B 之间的鱼线打反手结固定。依据图纸 1 逐列串平面直角编织。图纸中部分珠圈并不是常规的 4 颗，而是 5 颗（加针）或者 3 颗（减针）珠子，这些单元是平面直角编织加减针的操作，只需依据图纸串即可，全程串完就能领悟到其中规律。中途需要补线，补线方法可参考本书第 21 页。完成图纸 1，得到弯曲的长条。

第2步 依据图纸 2，过数颗珠子把线从长条内圈引到外圈，在外圈的 A 之间加 C 珠和 A 珠，直至把外圈所有的 A 过一遍，这个操作进一步增加了内外圈的长度差，使褶皱变得更加明显（图 2）。打结收尾剪去多余的线头，线尾保留用于下面的缝合。

（2）缝合花瓣

图纸 3-1

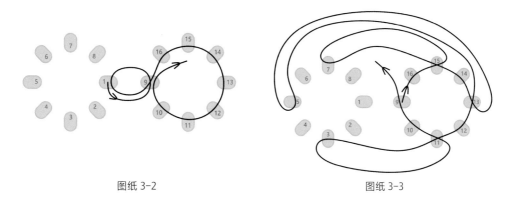

图纸 3-2   图纸 3-3

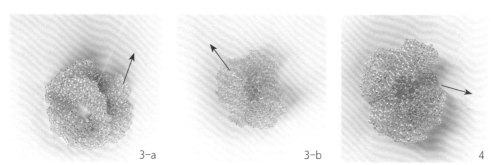

3-a   3-b   4

第3步 在起针时留的线尾上穿上针，依据图纸 3-1 将第 1 颗至第 8 颗（同图纸标号）B 串成 1 圈，针从第 1 颗 B 穿出（图 3-a，花朵正面）。把线拉紧（图 3-b，花朵反面），内圈长度缩小，进一步加深了花瓣的褶皱。

第4步 依据图纸 3-2，先用方针把第 1 颗 B 和第 9 颗 B 串到一起并拉紧。

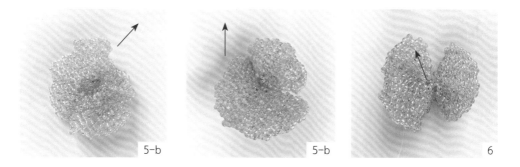

5-b   5-b   6

第5步 继续依据图纸 3-2，把第 9 颗 B 和剩余的 B 串成 1 圈（图 5-a），拉紧线（图 5-b）。

第6步 依据图纸 3-3，用方针把 2 个 B 珠圈中对应的另外 3 对珠子也串到一起，7 号对应 15 号（图 6）；5 号对应 13 号；3 号对应 11 号。

7-a

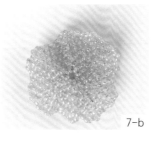

7-b

第7步
上述步骤完成之后 2 层花瓣的中心就稳固地缝合到一起了（图 7-a 为正面，图 7-b 为反面）。打结收尾剪掉多余的线头，花瓣完成。

（3）制作雄蕊

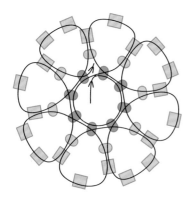

图纸 4-1

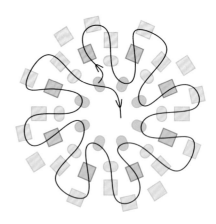

图纸 4-2

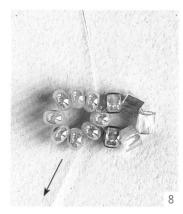

8

9

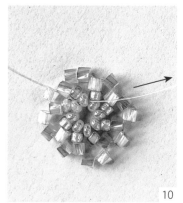

10

第8步 依据图纸 4-1，剪 1 根长约 60cm 的鱼线，留线尾约 15cm，串 8 颗 B，过第 1 颗 B，线尾绕第 1 颗 B 和第 8 颗 B 之间的鱼线打一个反手结固定。串 1E、3F、1E，再过第 1 颗 B 和第 2 颗 B。

第9步 串 1E、3F，再依次回穿第 1 颗 F、第 1 颗 E，过第 2 颗 B、第 3 颗 B。

第10步 按此规律完成整圈 E、F 的添加。

11-a

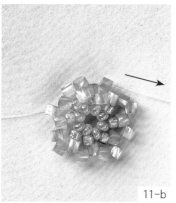

11-b

11-c

第11步 依据图纸 4-2 添加 F（图 11-a~图 11-c）。打结收尾剪去多余的线，雄蕊完成。

（4）制作雌蕊

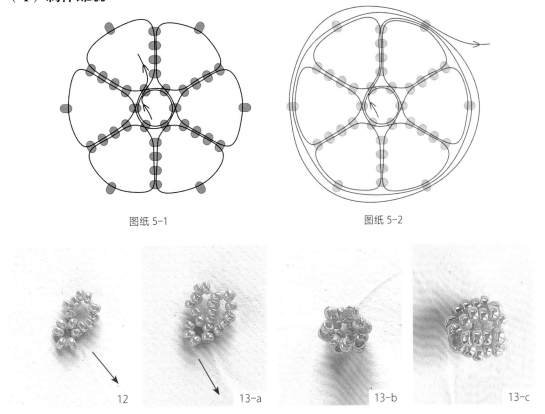

图纸 5-1　　　　　　　　　　　　图纸 5-2

第12步 剪1根长约50cm的鱼线，留15cm线尾，串6颗D成一圈，线尾打结固定。针从第1颗D穿出，串9颗D，过第1、第2颗D。

第13步 串5颗D，回穿第10、第9、第8、第7颗D，过第2、第3颗D（图13-a）……按此规律完成图纸5-1，得到1个像小笼子的结构（图13-b为俯视图，图13-c为侧视图）。

第14步 剪长约15cm的黄铜线，在离一端约1cm处用圆嘴钳弯折成直角，再把这1cm卷成如上图的线圈。

第15步 从没有绕圈的一端串入1颗G，使G珠正好被线圈卡住。

第16步 将黄铜线串入前面步骤制作好的"笼子"，使G珠被"笼子"套住。

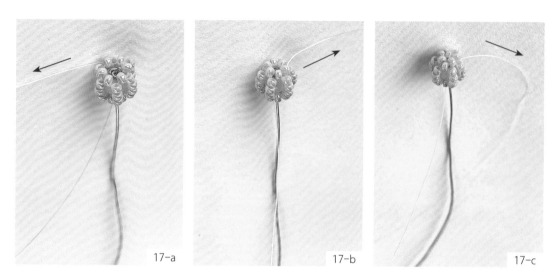

17-a 17-b 17-c

第17步 依据图纸 5-2 中的红线部分，将"笼子"封口，使"笼子"、G 珠和铜线固定在一起（图 17-a～图 17-c）。打结收尾剪去多余的线。雌蕊完成。

（5）组装

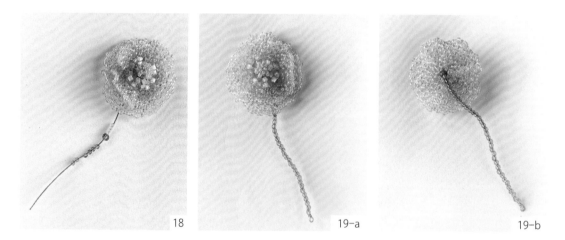

18 19-a 19-b

第18步 将雌蕊的铜线依次插入雄蕊和花瓣的中心，然后在铜线上串入大约 4 颗 B、1 颗 I 和多颗 H。

第19步 拉住铜线，把所有珠子往花朵方向推，使 4 颗 B 全部进到花朵里面隐藏起来，1 颗 I 紧贴花朵根部，根据设计添加足够的 H，最后用圆嘴钳在铜线末梢做一个线圈将 H 固定住，剪去多余铜线，调整花柄位置和形状，整个作品完成（图 19-a 为正面，图 19-b 为反面）。

紫粉色虞美人花瓣图案略有不同，依据图纸6串珠。
其他组件根据黄色虞美人图纸，改变珠子颜色即可。

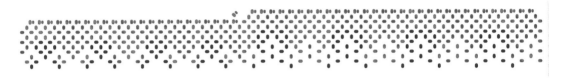

图纸6

花朵后面可根据需要缝上不同的金属配件，如胸针扣等，成为不同的配饰

4. 应用案例 2："小心思" 爱心吊坠

本案例是用立方直角编织的小方块直接拼接成心形吊坠，看似简单的设计中隐藏了不少小心思：不同颜色的应用使整体呈现出有趣的层次感；两面是两种不同的款式，可以换着佩戴；两颗看似随意添加的爪钻需要很高的技巧。

针法 立方直角编织　　　　　　　**难度** ★★☆☆☆

技能 立方直角编织，爪钻在立方直角编织中的应用

▶ 材料和工具

珠子

 Miyuki RR11-2030 实色磨砂灰蓝 AB（A）

 Toho RR11-PF558 耐磨金属质感银（B）

 Miyuki RR11-2378 玉石质感灰（C）

Miyuki RR15-2378 玉石质感灰（D）

 4mm 捷克尖底爪钻 白色银底托（E）

 3mm 捷克尖底爪钻 白色银底托（F）

其他

0.16mm 透明鱼线
12 号串珠针
尖嘴剪刀
打火机

与其他案例不同，本案例不给出具体走线图。因为立方直角编织是一种四通八达的针法，同样的成品可以用许多种不同的走线方法来完成，没有标准的走线图。

图纸1是作品的俯瞰图，可以看到最上层的A珠，大小爪钻E、F，小爪钻F周围的4颗1.5mm的D珠，以及中间层的B珠，其中B珠朝向我们的是珠孔，而C珠因为处于最下层并和最上层的A珠重合，所以除了F周围露出的4颗C珠的边角之外，图纸上面看不到C珠。

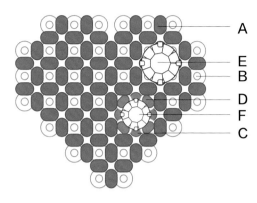

图纸1

对图纸1进行分解（图纸2），上面每个红色小正方形代表一个对应的小立方体单元，可以看到，整个爱心可以分解成27个小立方体。

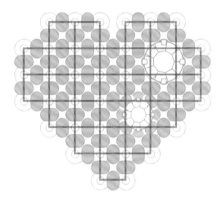

图纸2

这27个小立方体又可以分为5种，在图纸3中用不同的色块表示，其中白色小立方体17个、绿色小立方体1个、蓝色小立方体1个、浅绿小立方体4个、浅蓝小立方体4个。

红点代表建议的起始立方体（可以选择任意一个白色小立方体作为起始点）。本案例从红点的立方体开始，从两个不同的方向添加其他的立方体，最终完成整件作品。（按此顺序串，整件作品需要鱼线150～170cm，起始点在鱼线的中间段。）大家也可以根据自己觉得舒服、合理的顺序来组织和添加小立方体。

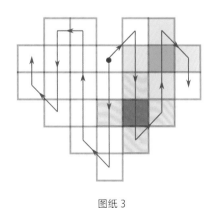

图纸3

五种不同立方体的串法

◎白色

白色使用最基础的立方直角编织针法，珠子的颜色布局见图纸4，串法参考本书第80页的图解，此处不再赘述。

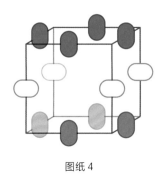

图纸4

◎绿色

绿色和蓝色的立方体串法有一定的难度。下面先讲解相对简单的绿色立方体。

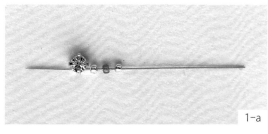

1-a

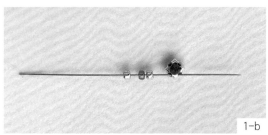

1-b

第1步

依次串B、C、B、E，其中E串入相邻的两个孔（图1-a为正面，图1-b为反面）。

提示

为了更方便理解，可以把E看作是一圈首尾相连的4颗米珠RR11（分别为水钻的4个"角"，正面看则是4个爪），上图中红色圈圈圈出爪钻的4个爪，也代表假想的4颗米珠。因此，E可以看成是立方直角编织单元立方体6个面中的一个面（在本设计中为朝上的面，即正面），这样接下来的步骤就好理解了。

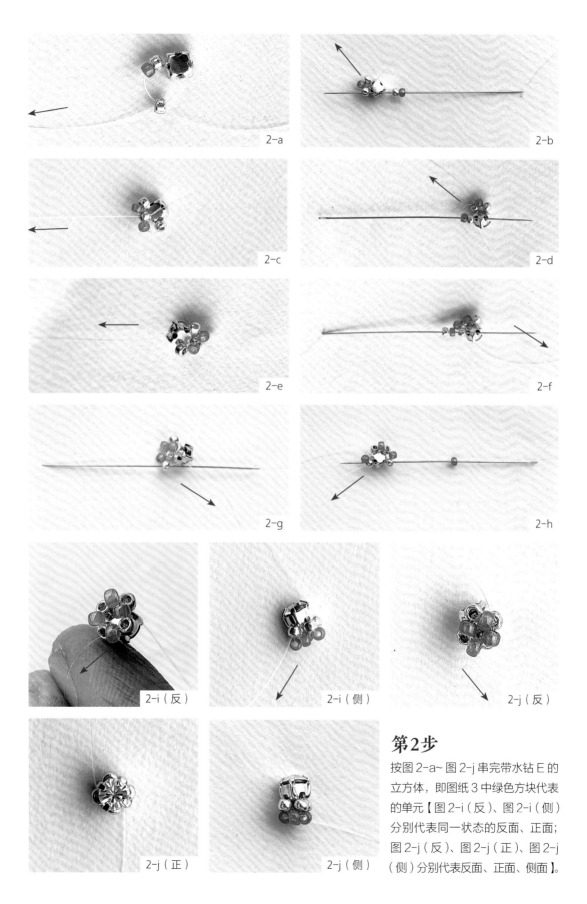

2-a

2-b

2-c

2-d

2-e

2-f

2-g

2-h

2-i（反）

2-i（侧）

2-j（反）

2-j（正）

2-j（侧）

第2步

按图2-a~图2-j串完带水钻E的立方体，即图纸3中绿色方块代表的单元【图2-i（反）、图2-i（侧）分别代表同一状态的反面、正面；图2-j（反）、图2-j（正）、图2-j（侧）分别代表反面、正面、侧面】。

◎浅绿色

3-a

3-b

第3步

浅绿色的 4 个方块围绕着带水钻 E 的单元（绿色方块），每个浅绿色与绿色代表的立方体共用水钻的 1 个角，把这 4 个角看成是 4 颗米珠，这样就很容易在带水钻的立方体上添加 A、B、C，串出与其相连的浅绿色立方体（图 3-a 为侧面，图 3-b 为正面）。

◎蓝色方块

4

5-a

5-b

第4步 蓝色方块是带 3mm 水钻 F 的立方体，因为 3mm 水钻比 4 颗 RR11 组成的圈要小，所以在 F 的金属底托 4 个孔前面各加 1 颗 D，以"扩大"F。

第5步 然后把 4 颗 C 串成一圈形成底面，完成（图 5-a 为底面，图 5-b 为侧面）。

◎浅蓝色方块

6-a

6-b

第6步 浅蓝色方块与蓝色方块共用一个面。浅蓝色方块和浅绿色大致做法相同，唯一区别是线在进入爪钻之前或者穿出爪钻之后都多过了一颗 D 珠，图 6 是完成后的样子（图 6-a 为正面，图 6-b 为侧面）。

串完后在合适的位置加开口单圈、耳圈等就可以方便地佩戴了。对立方直角编织没那么熟悉的读者可以先用一种颜色的珠子练习，如上图的金色耳坠，效果也很不错。

第 6 节　五珠球针

1. 针法简介

　　五珠球针是一种与前面五种针法完全不同的针法。最基础的五珠球针法是将 5 颗珠子串成一圈（可以看成是一个正五边形），再由 12 个这样的正五边形相互连接形成球体。五珠球针通常被认为是起源于中国的针法，适合用来制作各种类球形的立体结构。

　　和前面五种针法不同的是，无论细节变化多么复杂，五珠球针永远是一个整体，总能看成是一个由 12 个面组成的球体或近似球体。

2. 针法步骤分解

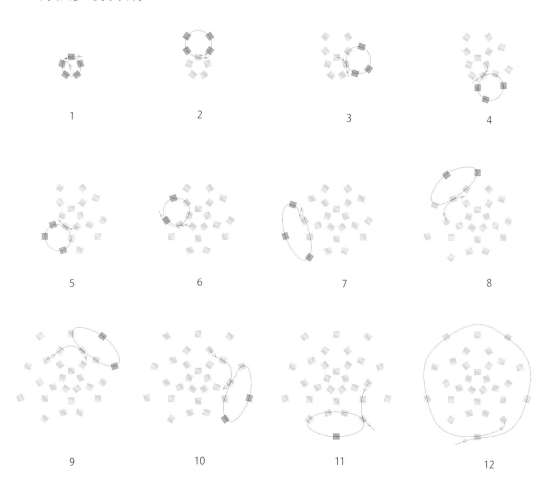

五珠球针步骤分解

3. 应用案例 1：多巴胺小耳钉

本案例是用五珠球基础针法加简单装饰制作彩色小耳钉，小巧却不乏细节。

针法 五珠球针   **难度** ★ ★ ☆ ☆ ☆

技能 五珠球耳钉的做法、五珠球的装饰方法

▶ 材料和工具

串珠

- MGB 2mm 短管 -337 丝质浅橙黄（A）
- MGB 2CUT-55 灌银橄榄绿（B）
- 2mm 球形切面水晶珠 透明橙（C）
- Toho RR15-30 透明灌银橙（D）
- 3mm 捷克火磨珠 透明铜彩橄榄绿（E）
- Miyuki RR15-288 透明橄榄绿 AB（E）
- MGB RR11-25MA 透明磨砂深橄榄绿（G）

其他

6mm 圆头耳钉
橙色尼龙串珠线或 2 股橙色高强涤纶线
12 号串珠针
尖嘴剪刀

制作步骤

（1）五珠球耳钉主体

依据图纸1串五珠球并放入球形耳钉。

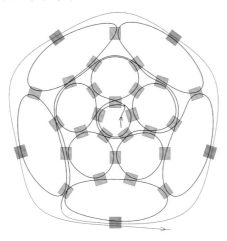

图纸1

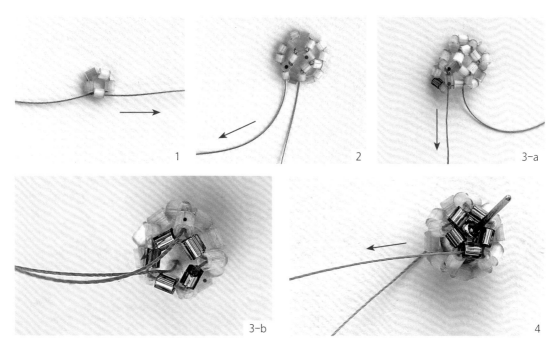

第1步 剪1段长100cm的串珠线，串5A，留线尾约15cm，再次过第1颗A，线尾绕第1颗和第5颗A之间的线打反手结，拉紧，形成第1个五边形。

第2步 围绕步骤1做好的五边形，向外添加第1圈五边形。

第3步 在第1圈的每2个五边形之间添加第2圈五边形，注意第2圈每个五边形最外边的珠子是B珠（图3-a），完成图纸1黑色线部分的全部串珠（图3-b）。

第4步 将球形耳钉的圆球放入五珠球中，依据图纸1红线部分将5颗B收紧。

（2）五珠球的装饰

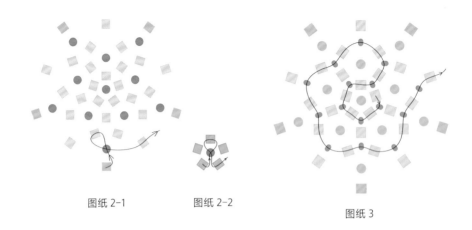

图纸 2-1　　　　　图纸 2-2　　　　　　　图纸 3

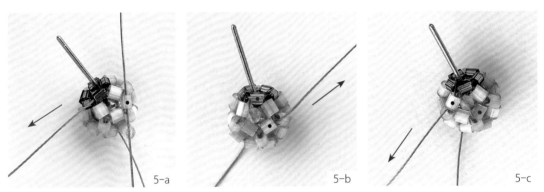

5-a　　　　　　　　　　5-b　　　　　　　　　　5-c

第5步　依据图纸 2，在除耳钉穿出的五边形之外的其余 11 个五边形正中加 1C，每个单元添加方法参考图 5-a、图 5-b。

6　　　　　　　　　　7-a　　　　　　　　　　7-b

第6步　根据添加 C 的不同顺序，可能会需要穿过不同数量的 A 以到达下一个五边形。为了减少不必要的穿线，尽量提前规划好添加 C 的顺序。全部添加完成，效果见图 6。

第7步　参考图纸 3 在每 3 颗 A 的交汇处添加 1D。如果上一步添加 C 之后线的出口不在图纸 3 起始点，则可以先将线穿过数颗 A 引到图纸 3 起始点（图 7-a 红点处），再进行添加，当然大家也可以规划更方便、合理的添加路径。图 7-b 是将 D 全部添加好后的样子。

（3）添加叶片

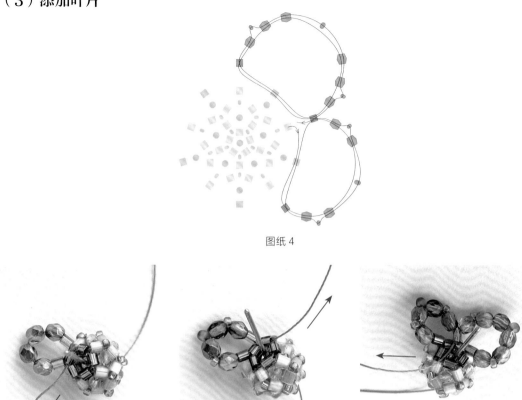

图纸 4

8-a

8-b

8-c

第8步 依据图纸4，以五珠球最后一圈的2颗B为基础，添加B和E，并在E之间的相应位置加F、G，完成一小一大2个叶片（图8-a ~图8-c）。将起点和终点的线打结，剪去多余的线，完成。

提示

　　由于围绕耳钉圆头的五边形开口远大于耳钉针的直径，所以圆头能在五边形内滑动，这一点不影响佩戴，塞入耳堵之后就能固定住了。为了增加稳定性，建议搭配较宽的飞盘耳堵。

这是非常适合练习配色的一款设计，大家可以多尝试不同的颜色搭配。

4. 应用案例 2：蓝色浆果项链、耳环套装

这是一款仅用基础五珠球针就可以获得很好视觉效果的设计，水滴珠取代常规米珠，呈现出浆果汁水饱满、晶莹剔透的质感。

针法 五珠球针　　　　　　　　　　　　**难度** ★ ★ ☆ ☆ ☆

技能 强化五珠球针、用金属线做简单配件（链条、耳钩等）

▶ 材料和工具

珠子

 Miyuki DP2.8-261,291,177 三种透明蓝 AB 混合（A）

 Miyuki DP3.4-261,291,177 三种透明蓝 AB 混合（B）

Miyuki RR11-2374 玉石质感橄榄绿（C）

5~6mm 透明蓝色球珠（D）

 16mmX23mm 橄榄绿描金琉璃叶片

其他

1.8mm 透明鱼线

11/12 号串珠针

0.8mm 半硬黄铜线

0.8mmX6mm 黄铜开口单圈

链扣

尖嘴剪刀

珠宝圆嘴钳

珠宝剪钳

制作步骤

（1）制作"浆果"

先依据图纸1完成5个五边形珠圈（三种不同蓝色的珠子可按自己的喜好配置）。

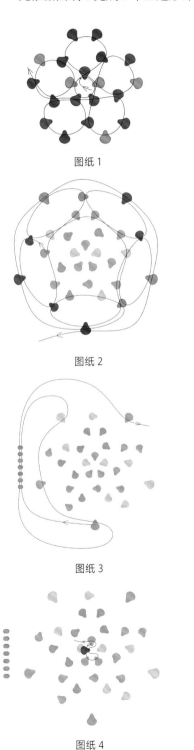

图纸1

图纸2

图纸3

图纸4

第1步 剪1根长70cm的鱼线，留线尾20cm，串5颗A，再次过第1颗A，用线尾在第1颗和第5颗A之间打反手结，完成第1个五边形，绕此五边形的5颗A继续添加A，完成5个五边形。串的时候尽量将线拉紧，使相邻2颗A的珠孔尽量靠近，同时要使水滴珠的大头朝外，做到这点需要一定的技巧和耐性。完成后能得到一个空心的半球，把D填充进这个半球的空心，这样就把水滴珠的大头全部顶在球体外面了。

第2步 按照图纸2继续添加A、B水滴珠，完成整个球体，注意，这一步添加的5个五边形朝外的珠子均为B珠（图2）。全程要将线尽可能地拉紧。

3

第3步 依据图纸3，在3颗B上面添加7颗C形成一个环作为浆果的蒂，完成后打结，剪去这端多余的线。再把针串到起针处预留的线上，依据图纸4加1A，形成浆果底部的尖尖，打结收尾剪掉多余的线。用同样的方法串6颗浆果。

（2）制作黄铜链

虽然本书主要介绍串珠技法，但学会一些基础的绕线技巧，能够做一些简单的金属小配件，对制作串珠首饰是非常有帮助的。下面介绍如何制作可以悬挂浆果和叶片的黄铜链条。

将黄铜线弯成两端带圈的叶片形状，然后用单圈将它们首尾相连，就组成了一条造型别致的链条。

第4步 用剪钳剪 1 根长 9cm 左右的黄铜线，用圆嘴钳在其一端弯 1 个直径 5mm 左右的圈；接着用圆嘴钳的圆嘴约 5mm 直径处夹住铜线的中间部位，把铜线弯折成图 4 的样子，注意铜线两端的长度差应与图 4 差不多，同时此时整根铜线需要处于同一平面。

第5步 继续从中部弯折铜线，使两端交叉，形成略小于 90°的角。

第6步 用手小心调整铜线的形状使其形成图 6 的样子，至此整根铜线仍要处于同一平面。

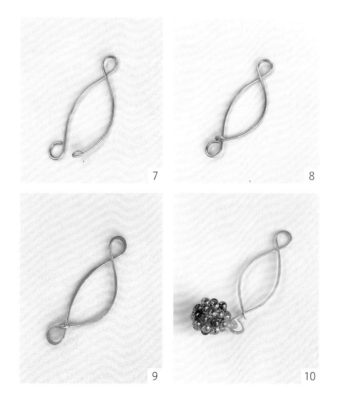

第7步

用圆嘴钳夹住线的一端，垂直于铜线所在平面弯 1 个直径约 3mm 的圈。

第8步

把垂直的圈略微打开，套住铜线另一端，使其正好处于 5mm 圈的根部，闭合打开的圈。这样 1 个叶片形状的链条单元就完成了。

第9步

如果有条件，可以用珠宝锤把黄铜线锤扁使其硬化，注意捶打的时候要小心避开铜线交叉处。用同样的方法做 11 个同样的链条单元。

第10步

打开 5mm 圈，套入浆果（图 10），再将开口闭合。

（3）制作琉璃叶片

图纸 5

11

第11步

依据图纸 5 在琉璃叶片上加珠圈，以方便悬挂到黄铜链条上面。注意，由于叶片是悬挂到链条单元的闭口一端，所以串好 C 珠后，要先套到链条单元上，再闭合珠圈（图 11）。同样的方法制作 6 枚叶片。

（4）组装

图纸 6

12

第12步　用单圈把两个链条单元首尾相连（图 12）。依据图纸 6 连接全部 11 个单元，最后在开口的一端加上链扣，完成。

第13步

黄铜耳钩的做法与链条单元类似。取 10cm 长黄铜线，开口一端做成耳钩即可（图 13）。用砂纸把线头打磨光滑，佩戴的时候能更顺滑。然后悬挂上浆果和叶片就完成了。

13

第 3 章
串珠针法的组合应用

第 1 节　水仙花　104

第 2 节　百变骷髅头　120

第 3 节　千里江山图项圈　129

第 1 节　水仙花

　　这是一款经典的串珠花朵项链，花柄内置记忆线圈，形成开口项圈，佩戴方便。几种主要基础针法完美组合，看起来显得复杂，但其实做起来很简单。

针法　仙人掌针、鲱鱼骨针、直角编织、方针

技能　花朵项圈的做法

难度　★ ★ ★ ☆ ☆

▶ 材料和工具

珠子

- Miyuki RR15-2373 玉石质感粉（A）
- Miyuki RR15-3523 透明染心粉（B）
- Miyuki RR11-2373 玉石质感粉（C）
- 未知品牌 RR11 透明磨砂暗粉 AB（D）
- Miyuki RR15-2377 玉石质感紫（E）
- Miyuki RR15-574 蛋白灌银粉紫（F）
- Miyuki RR11-2377 玉石质感紫（G）
- 未知品牌 RR11 透明磨砂暗紫 AB（H）
- 未知品牌 2CUT15 透明灌银金棕 AB（I）
- Miyuki RR11-2374 玉石质感橄榄绿（J）
- Miyuki RR15-3530 透明华彩染心黄绿（K）
- Miyuki RR11-2376 玉石质感灰绿（L）

- Miyuki RR15-2458 透明蓝绿 AB（M）
- Miyuki RR15-6 透明灌银黄（N）
- 未知品牌 RR11 透明灌银黄 AB（O）
- Miyuki DP3.4-404FR 实色磨砂黄 AB（P）
- Miyuki RR6-404 实色黄（Q）
- Miyuki RR11-2375 玉石质感绿（R）
- MGB 2CUT15-25R 透明暗绿 AB（S）
- 4mm 捷克火磨珠 透明银彩浅绿（T）
- 3mm 捷克火磨珠 透明五彩蓝绿（U）

其他

直径 12cm 记忆钢圈、约 0.5mm 粗铜线、0.16mm 透明鱼线、12 号串珠针、珠宝圆嘴钳

制作步骤

（1）制作粉色水仙的花瓣

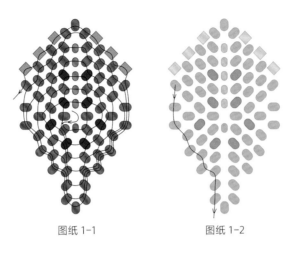

图纸 1-1   图纸 1-2

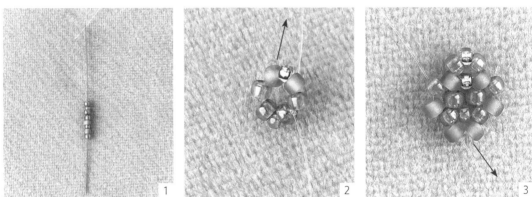

第1步 先依据图纸 1-1 串花瓣。剪 1 根 80cm 长的鱼线，留线尾约 15cm，串 C、A、2C、D、B、D、C。

第2步 线尾绕工作端鱼线打 1 个反手结，使上述珠子成 1 圈。

第3步 过第 1 颗 C，串 2D；过第 2 颗 C，串 D、C；过第 1 颗 D，串 C、B、C；过第 2 颗 D，串 C、D；
鱼线继续过第 1 颗 C 和第 2 圈第 1 颗 D。

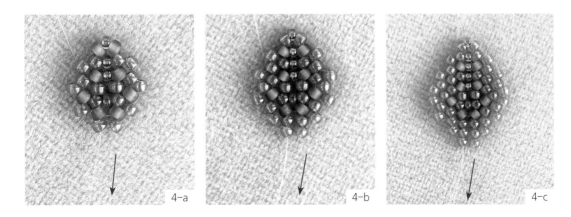

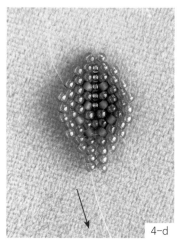

4-d

4-e

第4步

继续依据图纸1-1串珠子，直到加完花瓣的最后一颗珠Ⅰ，再依据图纸1-2把线引到所示位置（图4-a～图4-e），多余的线不要剪掉，用于后面的组装。起针时留的线尾打结收尾，剪去多余部分。重复以上操作再串1片。

依据图纸1-1再串4片花瓣，这4片花瓣不用进行图纸1-2的操作，直接打结收尾，剪去多余的线。

（2）组装粉色水仙的花瓣

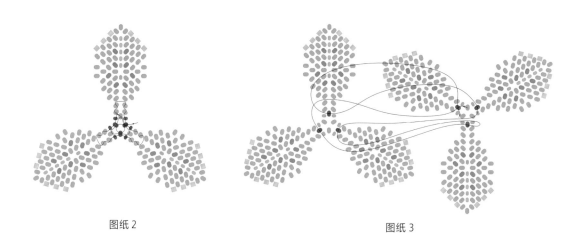

图纸2   图纸3

5-a

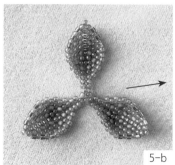

5-b

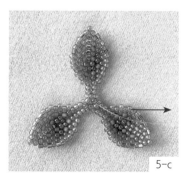

5-c

第5步

将串好的6片花瓣分2组（带线头的1片花瓣与不带线头的2片为一组）。依据图纸2将1组3片串到一起（图5-a～图5-c），注意花瓣凹凸面的朝向。多余的线不要剪掉。

第6步 用同样的方法把另一组也组装好，这一组打结收尾剪去多余的线，与上个步骤做好的花瓣一起等待组装。

第7步 依据图纸3把2组花瓣组合到一起，注意所有的走线都是在图纸3中6颗深色的珠子（每片花瓣的底部那颗）间进行的，其余颜色虚化的珠子不用管。组装完成后留着多余的线别剪（图7-a为正面形态，图7-b为背面形态）。

（3）紫色水仙花瓣制作和组装

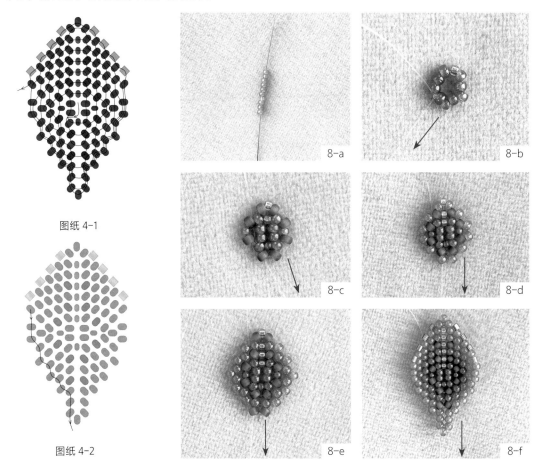

图纸 4-1

图纸 4-2

第8步 依据图纸4-1、图纸4-2，串单个紫色花瓣（图8-a ～图8-f），与粉色花瓣一样（每片所用鱼线比粉色加长10cm）串6片，分2组。用组装粉色花瓣的方法将紫色花瓣组装好。

（4）制作水仙花中心的花冠管

水仙花花瓣中心有一个杯状结构，叫作花冠管，这里用鲱鱼骨针来制作花冠管。

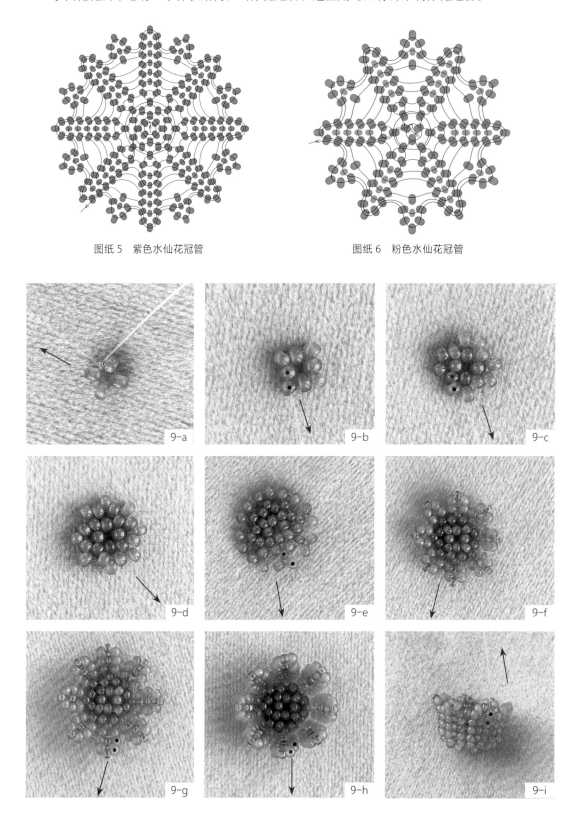

图纸 5　紫色水仙花冠管　　　　　　　　图纸 6　粉色水仙花冠管

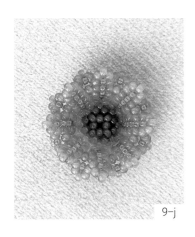

9-j

第9步

依据图纸 5 制作紫色水仙的花冠管。剪一根长约 120cm 的鱼线，用 L 和 M 两种珠串，串完后打结收尾，剪除多余的线（图 9-a～图 9-j）。

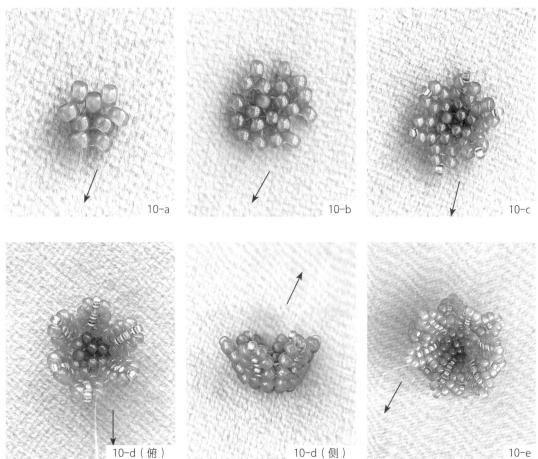

10-a

10-b

10-c

10-d（俯）

10-d（侧）

10-e

第10步

依据图纸 6 制作粉色水仙的花冠管，方法和制作紫色水仙的花冠管一样。剪一根长约 90cm 的鱼线，用 J、K 两种珠串，【图 10-a～图 10-e，图 10-d（俯）、图 10-d（侧）分别为俯视图和侧视图】。完成后打结收尾，剪除多余的线。

（5）制作花蕊

在这款设计中，水仙花的花蕊还有功能性的作用，就是把记忆线圈的两头包起来固定住。

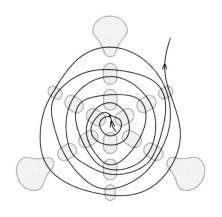

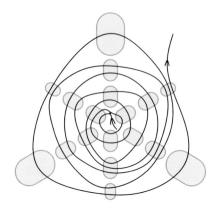

图纸 7-1　紫水仙的雌蕊　　　　　　　　图纸 7-2　粉水仙的雌蕊

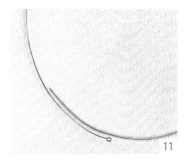

11

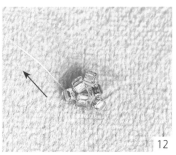

12

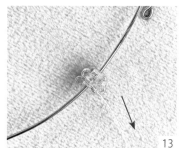

13

第11步　将记忆线圈的一端用圆嘴钳弯一个尽可能小的圈。

第12步　依据图纸 7-1 串紫水仙的花蕊。剪 1 根约 50cm 的鱼线，串 3○，留线尾 15cm，线尾绕工作端鱼线打反手结，使 3 颗○成一圈，再次过第 1 颗○。串 1○，过第 2 颗○；串 1○，过第 3 颗○；串 1○，鱼线再过第 1 颗○和第 4 颗○。

第13步　在后串的 3 颗○之间各串 1 颗○，线再次过倒数第 3 颗○，再在最后这 3 颗○两两之间各串 1 颗○，线再次从倒数第 3 颗○穿过拉紧，使所有珠子形成一个小的短管。把记忆线圈不带小圈那端插入前面串好的○珠短管开口一端，注意插入的方向（图 13）。

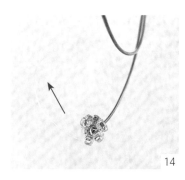

14

15-a

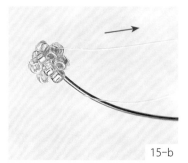

15-b

第14步 将 O 珠短管拉到记忆线圈弯好小圈的一端，使小圈完全进入到管内。

第15步 最后在短管开口端的 3 颗 O 之间各串 1 颗 N，再把这 3 颗 N 紧紧串成一圈，这样记忆线圈的一端就被包裹进珠子中固定住了（图 15-a 为俯视图，图 15-b 为侧视图）。

第16步 继续依据图纸 7-1，在顶端的 3 颗 O 之间各串 1 颗 P（图 16）。打结收尾剪去多余的线。

粉色水仙的花蕊串法基本和紫色水仙一样，不同之处是最后一步用 Q 珠代替 P 珠。可以先将粉色水仙花蕊的 O 珠短管串好，等到完成下面步骤再加到记忆线圈上。

16

（6）花朵与项圈的组装

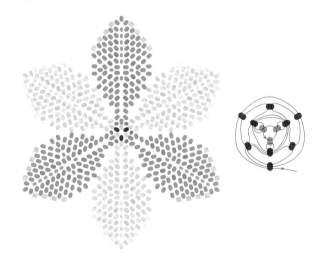

图纸 8

17

18-a

18-b

第17步 记忆线圈穿过紫水仙花冠管和花瓣的中心，注意穿入的方向，将它们拉到与花蕊紧贴的位置。

第18步 用尖嘴钳的尖端尽可能地紧贴花朵夹住记忆线圈，把线弯成 90°，注意弯曲的方向：花朵部分的这段金属线要与线圈其余部分所在的面垂直（图 18-a 是俯视图，图 18-b 是侧视图）。

19-a   19-b   19-c

第19步 依据图纸 8 在花朵底部中心处添加 3 颗珠子，包住线圈弯折处。根据图纸 8 右侧走线图，先用方针添加 3 颗珠子，再用直角编织将这 3 颗珠子固定，最后将 3 组直角编织中最外一圈珠子串成一圈。图 19-a ～图 19-c 是完成后的样子。

20   21-a   21-b

第20步 接下来依次串 1 T、10 U、1 T、多颗 L，直至离记忆线圈末梢约 8cm 左右处，再串 1T、8U、1T，最后串入粉色花朵、花冠管以及花蕊的 O 珠短管，注意串入方向（图 20 为作品全部完成后的拍摄，以供参考）。用圆嘴钳把线圈末梢弯成一个尽可能小的圈，按第 15 步的方法，用 N 珠将小圈封闭在 O 珠短管里面，最后在 3 颗 O 珠之间各加一颗 Q，打结收尾减去多余的线。

第21步 与紫水仙相同，参考第 18 步、第 19 步用尖嘴钳或圆嘴钳将粉水仙花朵根部的记忆线圈弯折，依据图纸 8，用 C 珠串好将弯折处包裹、固定住。至此两朵花都固定好了，但花茎处还有小部分金属线暴露在外（图 21-a）。空缺珠子会导致记忆线圈上其他珠子随意滑动。可以剪一根长约 25cm、粗 0.5mm 的铜线，绕着记忆线圈空缺处缠绕填满，这样就把所有的珠子都固定住了（图 21-b）。

（7）制作花茎与叶片

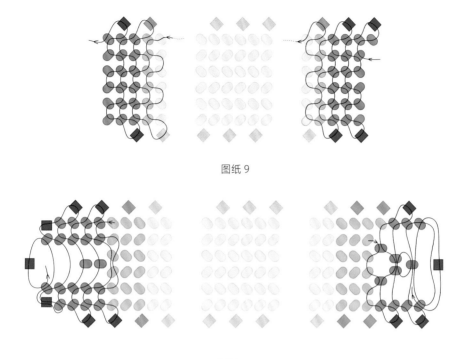

图纸 9

图纸 10

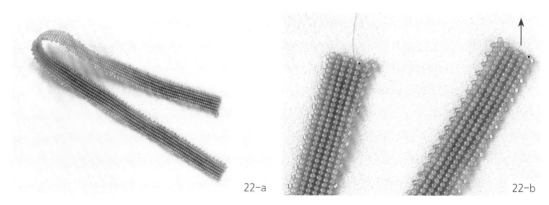

22-a

22-b

第22步 最后做一条两端连了叶片的花茎，用于把项圈部分包裹起来。先依据图纸9，用 J、L、R、S 珠串花茎，剪 1 根长约 2.5m 的鱼线，留线尾约 1m，用无痕起针法起针串鲱鱼骨针（参考本书第 45 页），中途需要补线数次，直至完成整个长条（约 220 行，长度刚好使两端与花朵外端齐平）（图 22-a）。图 22-b 为两端放大图，注意辨认好起针端和结尾端，红色箭头为结尾端。完成后多余的线不要剪掉，留着下面串两端的叶片。

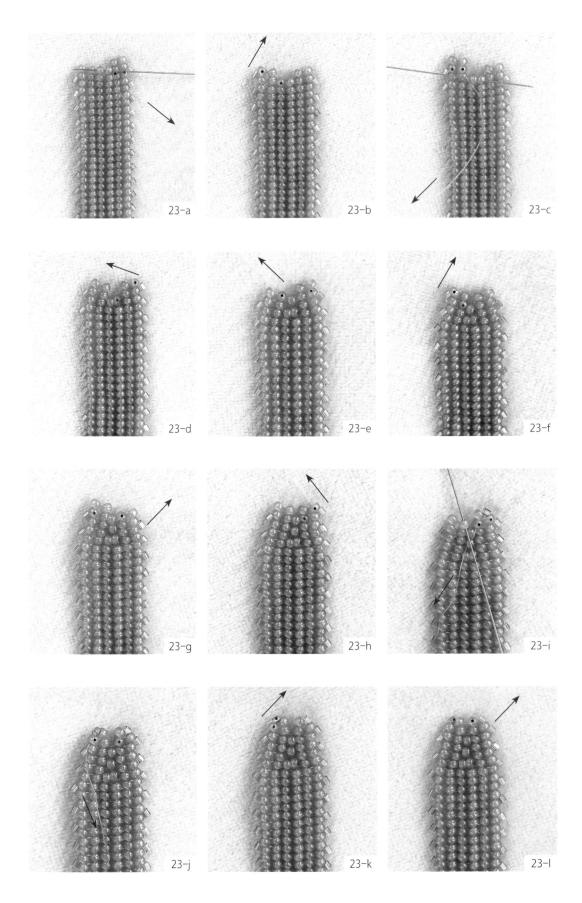

23-a

23-b

23-c

23-d

23-e

23-f

23-g

23-h

23-i

23-j

23-k

23-l

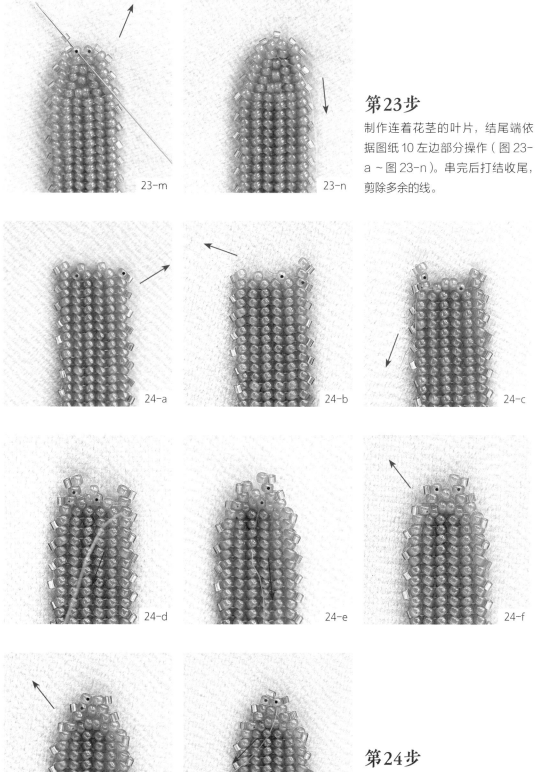

第23步

制作连着花茎的叶片，结尾端依据图纸 10 左边部分操作（图 23-a ~图 23-n）。串完后打结收尾，剪除多余的线。

23-m

23-n

24-a

24-b

24-c

24-d

24-e

24-f

24-g

24-h

第24步

起针端依据图纸 10 右边部分串，（图 24-a ~图 24-h），叶片完成，暂时先不要剪线收尾。

（8）缝合花茎

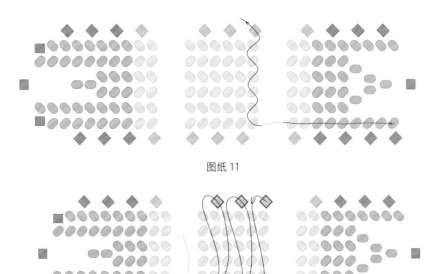

图纸 11

图纸 12

25

第25步

依据图纸 11，把线引到 1 颗 S 珠上。确定 S 珠的方法是：将花茎的长条顺着项圈放好，使得两端都稍稍超出花朵最外端（大花一端可以比小花一端稍长），花茎处所有火磨珠里离花朵最远那颗 4mm 火磨珠 U 上方（花朵向下，花茎向上的情况下）的 S 珠即是缝合的起始点。将花茎沿长度方向对折，把项圈包裹在里面，使两侧的 S 珠交错合并在一起，按照图纸 12（只在用红色圈出的珠子之间串）缝合整条花茎的 S 珠，直到另一端花朵上方的 U 珠上方。打结收尾，剪除多余的线。完成整个作品。

拓展应用：玫瑰手镯

扫二维码
观看制作视频

　　觉得水仙花教程过于复杂的读者可以先尝试下面这款简版玫瑰手镯，它和水仙项圈设计思路类似，但所用的材料品种少，容易配齐，而且制作过程也要简单不少，非常适合制作水仙项圈之前的练手热身。可扫右侧二维码观看教学视频。

　　下面附上图纸和简要的步骤图及讲解。

▶ 材料和工具

珠子

紫玫瑰

- 未知品牌 RR11 透明蓝染紫心　A
- Miyuki DB11-880 磨砂深蓝紫 AB　B
- Miyuki DB11-29c 金属暗金 AB 带切面　C

红玫瑰

- Miyuki RR11-10 灌银红　A
- Miyuki DB11-753 磨砂红　B
- Miyuki DB11-133 实色橄榄绿 AB　C

蓝玫瑰

- Toho RR11-931 透明蓝染白芯　A
- Miyuki DB11-177 透明蓝 AB　B
- M.G.B. RR11-31 透明金色灌银　C

其他

手镯记忆线圈、花朵同色串珠线、黑色 / 深灰色火线（6 磅强度）（以上两种线均可用 0.16mm 鱼线替代）、12 号串珠针、剪刀、圆嘴钳、剪钳

制作步骤

图纸 1-1

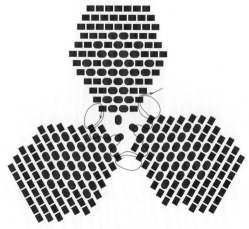

图纸 1-2

1

图 1 上半部与图纸略有细节上的差异，依据图纸串即可，成品基本上看不出区别。

第1步

以紫玫瑰为例，图纸 1-1 为花瓣图纸，串 3 片（图 1）；依据图纸 1-2 组装 3 片花瓣成一杯状花苞，留约 20cm 线头，用于后面将花苞缝合到花茎。

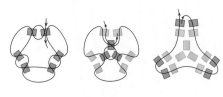

图纸 2-1

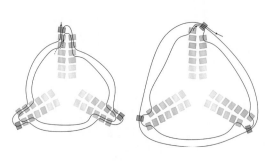

图纸 2-3

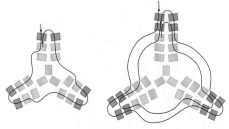

图纸 2-2

第2步 依据图纸 2-1 起针，然后依据图纸 2-2 串一条串绳作为花茎，建议长度约为手腕周长的 1.3 ~ 1.5 倍。接着将记忆线圈剪至所需长度，使其比串好的花茎长约 1.5cm，用圆嘴钳将线圈两端各弯一个尽可能小的圈，再将线圈从花茎开口一端塞入，最后依据图纸 2-3 缝合花茎另一端，打结，剪去线头完成花茎部分。

提示

注意图纸 2-2 与基础管形鲱鱼骨针的细微区别，这个细微区别决定了珠绳将发生扭转变成螺旋形，螺旋形结构使得珠绳在弯曲的时候不同位置均匀受力，所以将珠绳制作成螺旋形不仅能提升装饰性，也能使其结构更加稳定和牢固。

图纸 3

第3步

接着依据图纸 3 制作花托，制作完后留约 20cm 的线用于最后的组装缝合。将花托和花苞穿到花茎上，使它们位于花茎一端（图2）。先缝合花苞。将每个花瓣底端的 1 颗 B 珠，花茎上的 1 组鲱鱼骨针的 2 颗 C 珠（图 3 中画绿圈的 3 颗珠子）作为 1 组，作品中共有 3 组这样的 1B+2C。将这 3 组珠子缝合成一圈，固定住花苞，打结剪线收尾。

再将花托尽可能地拉近花苞。将花托底部的 C 珠和花茎鲱鱼骨针的 2 颗 C 珠（图 4 中绿圈标记的 3 颗珠子）作为 1 组，作品中共有 3 组，将这 3 组缝合在一起。这样花托就固定好了，打结收尾，剪线完工。

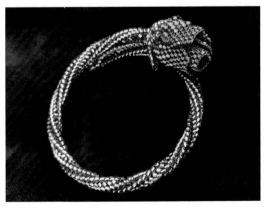

蓝玫瑰在以上红紫玫瑰的基础上略微增加了细节，如增加了内层花瓣，花茎使用了鲱鱼骨针变种等，这里就不再展开了，留给大家更多自由发挥的空间。

第 2 节　百变骷髅头

以正五边形十二面体为框架的串珠骷髅头是基础五珠球针法的高阶串法。对构成颅骨的正五边形进行细节的改变能创造出许多形态各异的骷髅头形象。本教程介绍基础骷髅头的串法，大家可以发挥创造力对其进行创意变化。

针法　五珠球针法变种、环形仙人掌针

技能　框架结构的串珠方法

难度　★★★★☆

▶ 材料和工具

珠子

- MGB 2CUT-35 透明灌银黄（A）
- Miyuki RR15 蛋白灌银浅黄（B）
- Miyuki RR15-451 实色黑（C）
- Miyuki DB11-1 实色黑（D）
- MGB RR11-35R 透明灌银黄 AB（E）

其他

0.16mm 透明鱼线
12 号串珠针
镊子形的小工具（如拔眉夹子）

（1）制作正五边形十二面体框架

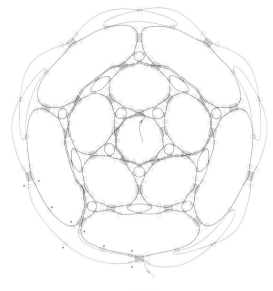

图纸 1

第1步

依据图纸 1 中黑色线部分制作正十二面体框架。剪 1 根 220cm 长的鱼线，留线尾 110cm（相当于从线的中间部位起针，这种方法常在长线串珠时使用），串 1 A、3 B，重复 4 次，再次过第 1 颗 A，线尾绕第 1 颗 A 与最后 1 颗 B 之间的鱼线打反手结，形成一个珠圈。为了方便识别，在第 1 个珠圈 / 正五边形中央用红圈标记。

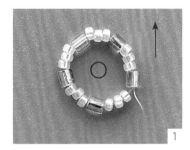

第2步 把珠圈的 5 颗 A 看成是正五边形的 5 条边，这样就可以按照基础五珠球针法的思路来制作本案例进阶版的"五珠球"。先在第 1 个五边形上面添加第 2 个五边形。

第3步 添加第 3 个五边形，注意 B 珠的串法（图 3-a ~图 3-e）。

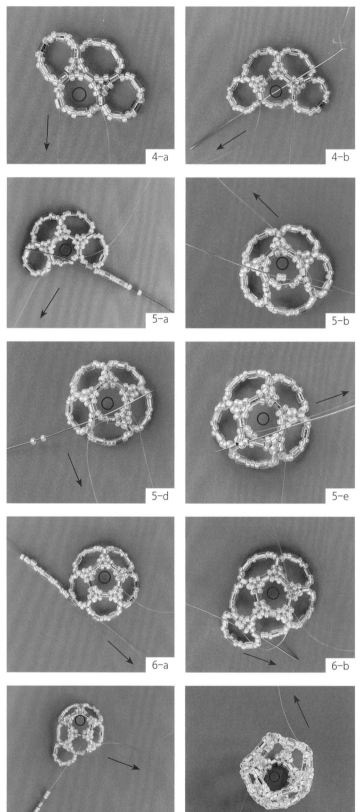

第4步

添加第4个、第5个五边形（图4-a、图4-b）。

第5步

添加第6个五边形（图5-a～图5-e）。完成以上添加之后基本上可以看出规律：把所有A珠看成五边形的边，其他单元的添加方法和基础五珠球的串法是一样的。不同的是，每个五边形相邻的2颗A之间要用3颗B隔开。

第6步

按此规律继续添加第三圈的正五边形。可以看到正十二面体基本成型了（图6-a～图6-d）。

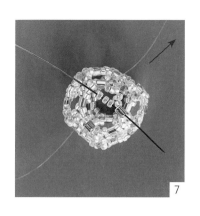

第7步

依据图纸 1 蓝色线串最后 1 个正五边形（最上面的第 12 个五边形），只需用 B 珠将第三圈 5 个五边形的边（A 珠）连接起来，每两条边的连接用 3 颗 B 珠。注意最后一个五边形串法稍有不同。

提示

这里形成的 5 个由 B 珠组成的三角形（每 3 个围成一圈的正五边形中间都夹着一个由 B 珠组成的小三角形，而这个小三角形每条边由 3 颗 B 珠组成，其中每条边正中间 B 珠又 3 颗一起串成了一圈，形成一个更小的三角形），留 1 个不要把每条边正中的 B 珠串在一起之外，其他 4 个全部按前面的方法串成一圈（图 7）。这个正中间未缝合的三角形（组成它的 9 颗 B 珠在图纸中用玫红点标注）会作为骷髅头的鼻子（玫红点标注的 9 颗 B 为骷髅头鼻子位置），同时以鼻子为参照物添加眼睛（黑洞）和牙齿。

（2）添加眼睛和鼻子

图纸 2

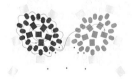

图纸 3

图纸 4

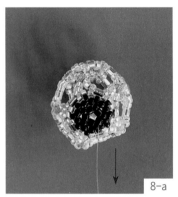

8-a

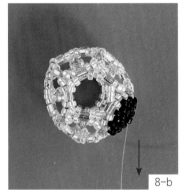

8-b

第8步

依次依据图纸2、图纸3添加2个黑洞作为骷髅头的眼睛（图纸2、图纸3可以看成把图纸1中12面球体略微旋转使鼻子处于当前的位置）。"眼睛"可以看成是由外向内的环形仙人掌针，串完一只，可以发现眼睛是往外凸出来的（图8-a为俯视图，图8-b为侧视图）。

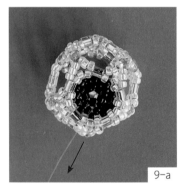

9-a

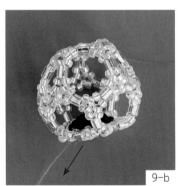

9-b

第9步

可以用拔眉夹从正面或反面轻轻地夹住"眼睛"中部，小心地把凸面翻转下去，使其内凹，这一步要小心操作，不要夹碎了珠子（图9-a为俯视图，图9-b为侧视图）。

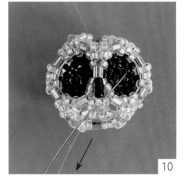

10

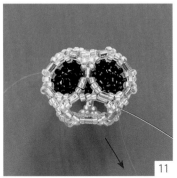

11

第10步

依据图纸4添加鼻子，此时代表鼻子空洞的黑色珠也是外凸的。

第11步

将构成鼻子的3颗珠子往内压，使其看起来更像个黑洞。

（3）添加牙齿

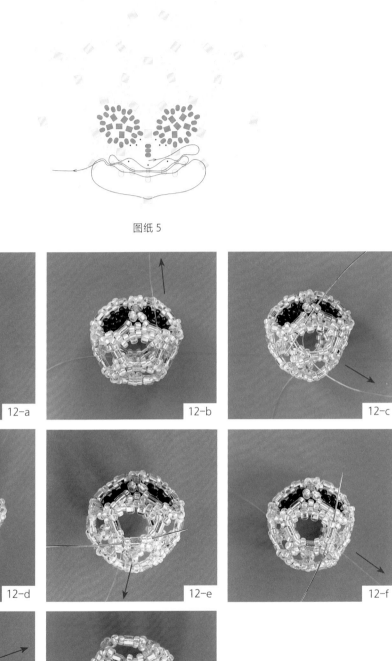

图纸 5

第12步

依据图纸5，依次串B、E珠构成骷髅头的牙齿（图12-a ~图12-h）。

（4）填充正五边形

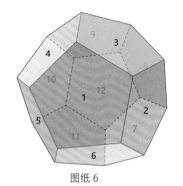

图纸 6

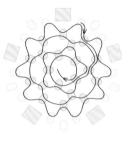

图纸 7-1

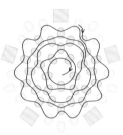

图纸 7-2

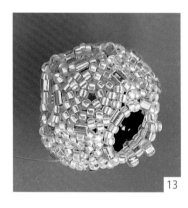

13

第13步

用图纸 7 的两种反向环形仙人掌针，填充颅骨框架的正五边形孔洞。其中图纸 6 为骷髅头的几何框架（正五边形十二面体，每个数字代表其中一个正五边形），其中第 1 号五边形为嘴巴（牙齿所在的五边形）；第 3、第 4 号五边形为眼睛。

第 2、5、6 号五边形依据图纸 7-1 串（图 13）。第 7 ~ 12 号五边形依据图纸 7-2 串。在串珠过程中如果线用完了，就将线收尾，把针穿到起始预留的另一端线头（线尾）上，过框架上的若干颗珠子，把线引到需要添加珠子的位置继续串珠，直至完成所有填充，打结收尾，完成。

成品骷髅头可以看成一颗大珠子，加上金属配件可以制成各种首饰，比如装个耳钩当耳坠，串成一串便是相当酷的项链或者手链。颅骨的正五边形（主要为第 8、9、10 号五边形）适当的变化或加装饰就能做出不同造型。另外，因为它们是空心且开口的球形，可以当作灯罩，放入小灯泡，总之有很多有趣的玩法。

拓展应用：樱花球耳钉

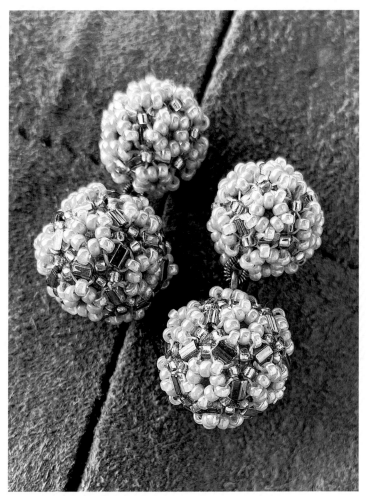

制作思路同骷髅头，五珠球用更简洁的五瓣小樱花装饰，可以做出这款精致的花球耳钉。

▶ 材料和工具

珠子

紫粉色花球

- 2cut11-462 金属质感棕 AB　A
- RR15-574 蛋白灌银浅紫　B
- RR15-1867 实色浅玫红　C
- RR15-352 透明染心紫红　D

橙粉色花球

- 2cut11 金属质感暗金　A
- RR15-517 奶油透明粉白　B
- RR15-429 实色杏粉　C
- RR15-3 灌银金色　D

图纸 1-1 和图纸 1-2 为耳钉上面小花球串法，花球收口之前中间放入 6mm 圆头耳钉用来佩戴（参考本书第 94 页多巴胺小耳钉），图纸 2-1 和图纸 2-2 为耳钉下面的大花球的串法，串好后把它挂到小花球上面就可以了。（注意：图纸 1-1 和图纸 2-1 为框架的串法；图纸 1-2 和图纸 2-2 为正五边形的填充串法。）

提示

本设计中，串珠线的色彩在整体配色上起到了不可或缺的增色效果。大家可以大胆尝试搭配不同色彩的串珠线。

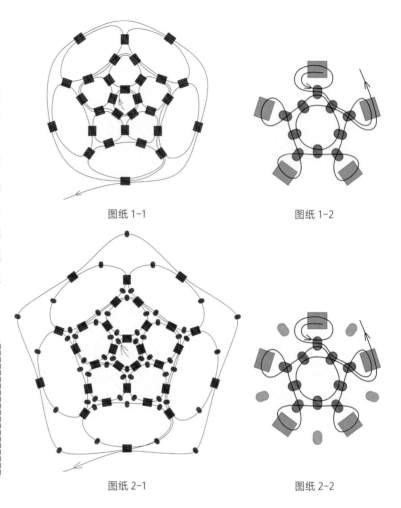

图纸 1-1

图纸 1-2

图纸 2-1

图纸 2-2

第3节　千里江山图项圈

王希孟的《千里江山图》以其华丽的蓝绿色惊艳世人。本案例将《千里江山图》的配色应用到串珠作品中。提取出主要配色后发现可以用到的珠子非常多，大大小小各种形状都有，索性就做了一款颜色和质感都足够丰富的大项圈。

针法　管形仙人掌针变种（荷兰螺旋针法）　　　　**难度**　★ ★ ★ ☆ ☆

技能　大口径不规则管形的收口，各种仙人掌针的无缝切换衔接

▶ 材料和工具

珠子

- Miyuki RR11-412 实色松石绿（A）
- Miyuki DB11-755 实色磨砂松石蓝（B）
- Miyuki RR15-261 透明浅蓝 AB（C）
- 未知品牌 RR15 实色天蓝（D）
- Miyuki DB11-911 透明染心暗金（E）
- 国产超优古董珠 2mm 染心奶黄（F）
- MGB RR11-644 灌银绿 AB（G）
- MGB 2x4.5mm 管 -545 透明蓝 AB（H）
- MGB 2CUT11-45 灌银蓝（I）

- 未知品牌 RR11 灌银浅金（J）
- Miyuki DBC11-42 透明灌银金（K）
- Miyuki DB15-858、724 混 透明磨砂绿 AB 与实色绿 2 色混（L）
- Miyuki RR11-4202 耐磨金属质感金（M）
- MGB 2CUT-32 透明灌银金（N）
- MGB 2mm 短管 -337 丝质浅橙黄（O）
- MGB RR11-46 透明灌银蓝（P）
- MGB 2CUT11-532 透明浅金 AB（Q）
- MGB 2CUT11-50 透明灌银薄荷绿（R）

其他

0.2mm 透明鱼线或 6 磅透明火线、12 号串珠针、S 形金色大链扣、尖嘴剪刀、打火机

制作步骤

（1）串螺旋形主体

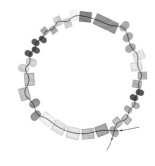  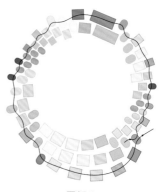

图纸 1　　　　　　　　　图纸 2　　　　　　　　　图纸 3

第1步　剪 1 根 300cm 长的鱼线，留线尾 150cm。依据图纸 1，依次串相应编号和数量的珠子共 36 颗（1A、2B、2C、2D、2E、2F、3G、1H、1I、1J、2K、2L、4D、2M、2N、2P、1Q、2O、1N、1R），最后通过第 1 颗珠子 A 使所有珠子成 1 圈，线尾绕第 1 颗和最后 1 颗珠子之间的鱼线打反手结固定。

第2步　依据图纸 2 添加珠子。第 1 针～ 6 针，用仙人掌针按次序添加图纸上对应的珠子（规律是每颗珠子都和线穿过的前面那颗珠子是同样的），直到添加完 6 颗珠子。（为方便表述，将这组仙人掌针简称为"甲组"。）

第3步　继续依据图纸 2，连续过步骤 1 完成的珠圈上的 4 颗珠子。

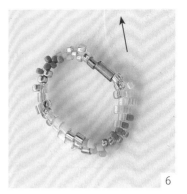

4   5   6

第4步　继续依据图纸 2，用仙人掌针串 7 颗珠子（添加规律跟甲组仙人掌针相同，新添加的珠子都与线穿过的前面那颗珠子相同），线从 1 颗 P 珠出来。（称这组仙人掌针为"乙组"。）

第5步　依据图纸 2 的剩余部分，依次串 P、Q、2O、N、R（这组珠子的添加我们简称"丙组"），过本圈添加的第 1 颗珠子 A 珠，完成 1 圈的添加。

第6步　依据图纸 3 添加下一圈的珠子。先串甲组。

7   8   9

第7步　再串 G、H、I（这组珠子，简称"丁组"），过原有珠圈上的 J 珠。

第8步　再串乙组。

第9步　再串丙组。完成本圈的添加。线从本圈添加的第 1 颗 A 珠穿出作为下一圈添加的起点。

第10步

重复与上圈完全相同的添加：甲组 + 丁组 + 乙组 + 丙组串一圈；继续重复，数圈之后可以看到螺旋逐步成形（图 10）。如此重复添加珠子，中间会需要补线，直至螺旋管达到约 20cm 长度。

10

提示

　　这种由管形仙人掌针演变而来的螺旋形针法叫荷兰螺旋，还有一种叫切里尼螺旋，可扫右边二维码观看视频）。

扫二维码
观看制作视频

（2）缩小螺旋管

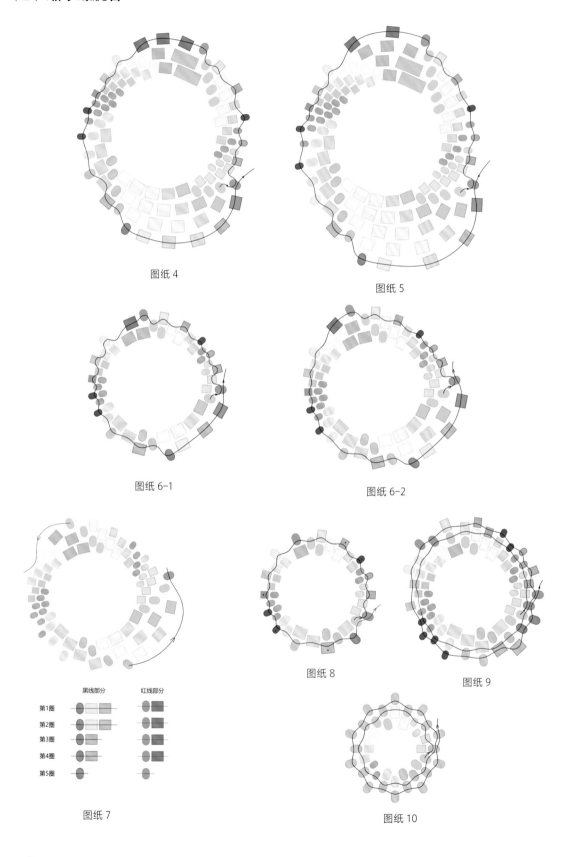

图纸 4

图纸 5

图纸 6-1

图纸 6-2

	黑线部分	红线部分
第1圈		
第2圈		
第3圈		
第4圈		
第5圈		

图纸 7

图纸 8

图纸 9

图纸 10

这个阶段我们要逐步缩小螺旋管的两端，使其与项圈金色细管部分完美衔接。依据图纸4～图纸10串珠。这是本设计最复杂的部分，但其实思路很简单：使用减针法。逐步减少珠子，图纸4～图纸7已经完全去除丁组和丙组。

为了便于理解这个思路我们比较下面3张图。

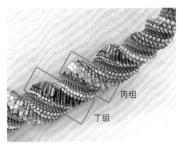  

从左到右，红框内分别为递减之前的　可以看到丙组在逐圈的变窄直至消失　丁组也和丙组一样逐圈变窄直至消失
丁组和丙组

按照这个思路，逐圈缩减丙、丁两组的珠子数，直至丙、丁两组完全消失。具体串法如下。依据图纸4，丁组中，将2颗I取代原有的H，其余部分不变，串1圈。依据图纸5，丁组比上圈减少1颗I，丙组减少1颗O，其余部分不变，重复串3圈。依据图纸6-1，丁组再减1颗I，丙组再减1颗O串1圈，再重复一次（图纸6-2）。依据图纸7串接下来的5圈，其中，甲组和乙组继续保持不变；丁组即红线部分，第1～4圈与上圈相同，第5圈去掉1颗I，只串1颗G；丙组即黑线部分，第1、2圈串P、Q、N，第3、4圈串P、N，第5圈只串1颗P（图纸8的深色珠即为图纸7中的第5圈）。

> **提示**
>
> 　第5圈的最后，丙组在串了P珠之后，要先过上一圈的第1颗A珠之后再过本圈第1颗A珠（之前都是直接过本圈第1颗A珠），千万别做错了，否则后面会对不上。

图纸7的5圈全部串完之后，从荷兰螺旋过渡到了一个不规则的多种珠子的偶数管形仙人掌针珠圈（图纸8，参考第26页管形仙人掌针）。接下来依据图纸8和图纸9，将这个珠圈继续缩小，操作方法是逐步减去图纸8上红点标注的5组珠子，使用的针法为仙人掌针减针法（参考本书第27～31页的雏菊教程）。以L珠的减针为例，见图纸9，第1圈红线部分空出不串L即完成减针，其余照常。但是为了使减针看起来流畅，这圈完成之后在此基础上再串1圈常规管形仙人掌针，即图纸9最外圈，根据实际情况还可以选择再多串1圈，再继续下1颗红点标注珠子的减针。

> **提示**
>
> 　先减哪颗珠子，并没有规定的顺序，但建议尽可能远离上1颗被减针的珠子，这样会使减针看起来更均匀。N珠比圆珠要长而且边缘不圆润，为了使减针看起来没那么突兀，可以在上一圈或上几圈就先把N珠替换成相同或相似色的RR11圆珠，这样减针的线条看起来会更流畅。当然这不是必须的，但串珠是一种追求完美细节的手工艺，细部的处理往往能影响到整件作品的外观。

最后，5组珠子全部减掉后就得到了以20颗混合珠子为一圈的管形仙人掌针珠圈（图纸10中心部分），在此基础上用M珠串2圈管形仙人掌针，即图纸10外圈部分，再继续下一步的缩减。

（3）项圈细管部分

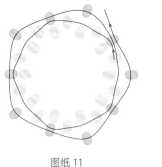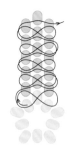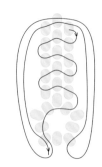

图纸 11   图纸 12

依据图纸 11，在图纸 10 的基础上继续减针：每隔 1 针减 1 针，完成 1 圈后再加串 1 圈，此时管形口径已经缩减到 10 颗 M 珠，以此为基础串基础管形仙人掌针至所需长度（图片成品此段长约 11cm），然后依据图纸 12 在管口 3 颗 M 珠上用平面奇数仙人掌针串 1 长条形，再将此长条形跟管口另一面的 2 颗 M 珠缝合在一起，完成链扣的连接圈。打结收尾减去多余的线。

在主体螺旋管的另一端，把预留的线串上针，以同样的思路，将管口缩小到所需的大小之后再完成细管和链扣连接圈部分，打结收尾剪去多余的线，最后把链扣装到其中一个连接圈上，完工。

用同样的方法，可以制作一对配套的千里江山图耳环。具体做法不再赘述，相信学完本书的读者都有能力独立研究出配色和串法。

附录 作品欣赏

酒红色矮牵牛耳坠

材料 米珠、水晶珠、黄铜线
针法 鲱鱼骨针、直角编织、金属线艺

空心球

材料 米珠
针法 框架针法

蓟花耳饰

材料 米珠、毛线、黄铜线、填充物、硅胶
针法 仙人掌针、鲱鱼骨针、编绳、金属线艺

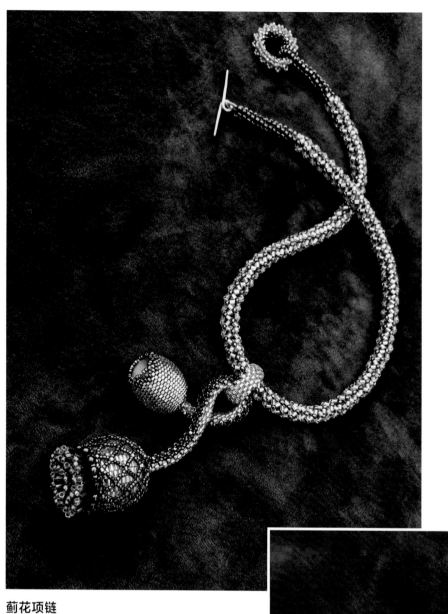

蓟花项链

材料 米珠、管珠、水钻、支撑材料、黄铜线
针法 仙人掌针、网针、金属线艺

玫瑰手环

材料 米珠、记忆线圈
针法 砖针、鲱鱼骨针、直角编织

螺旋手镯

材料 米珠、红铜线

针法 鲱鱼骨针、仙人掌针、金属线艺

大地色手环

材料 米珠、黄铜线、塑料管、记忆线圈

针法 钩珠针法、金属线艺

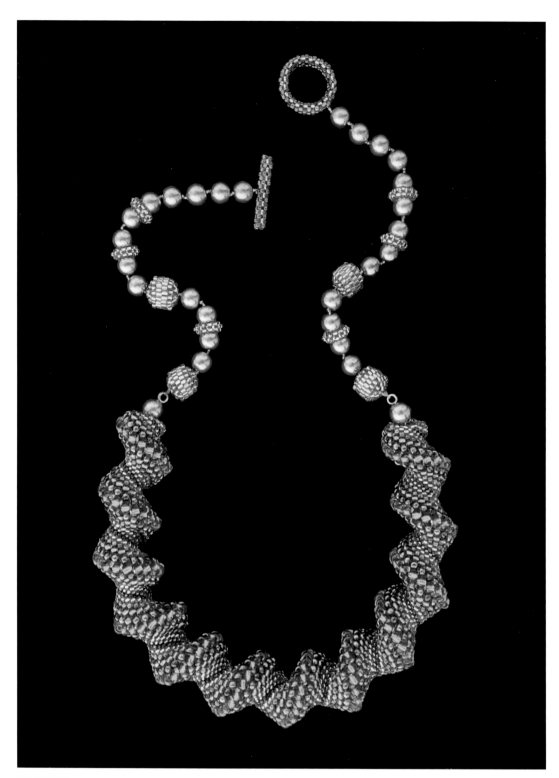

花球项链

材料 米珠、琉璃珠、黄铜线
针法 仙人掌针、方针、直角编织、金属线艺

仙人掌项链

材料 米珠、贝壳、玻璃、红铜线
针法 仙人掌针、方针、网针、金属线艺

蜂巢手环

材料　米珠、管珠、琉璃珠、记忆线圈、填充材料
针法　仙人掌针、鲱鱼骨针、网针、直角编织、五珠球针

大领款项圈、耳环套装

材料　米珠、黄铜线
针法　钩珠针法、仙人掌针、直角编织、金属线艺